초등학교 교사를 위한

현대수학의 이해

최재호 · 손교용 지음

KYOWOO

Preface 머리말

현대문명의 발달은 다양하고 복잡해져 방대한 정보와 지식의 홍수로 인해 언제 어디서나 지식습득이 가능하다. 이러한 정보화 시대를 넘어 하이컨셉(high concept) 시대로 들어선 현 시대에서는 정보와 지식 그리고 감성이 모두 능통하며 창의적이고 전뇌적인 사고로 새로운 가치를 창조할 수 있는 창의융합인재를 요구하고 있다. 이와 더불어 기초과학분야에 대한 중요성이 더욱 강조되고 있으나 여전히 수학을 포기한 학생들이 증가하고 있다는 소식을 접하게 된다. 이는 우리나라 수학교육이 여전히 문제점을 안고 있음을 방증하는 것이라 할 수 있다. 대학입시 위주의 수학교육으로 인하여 수학적 개념이나 공식 등에 대하여 그 자체를 심도 있게 탐구하기보다는 다량의 문제를 얼마나 빠른 시간 내에 해결할 수 있는가에 초점이 맞추어져 있어 학문으로서의 수학에 대한 유용성과 아름다움을 미처 깨닫지 못하는 학생들이 많다. 이로 인해 수학은 학습자들에게 어려운 교과로 인식되고 점진적으로 회피하는 현상이 나타난다.

수학의 중요성은 모든 이들이 공감하고 있으며 수학교육의 문제점을 해소하기 위하여 교육과정을 개정하고 교과서 개편 및 지도방법의 개선을 위한 노력을 거듭하고 있으나 무엇보다 중요한 것은 이를 가르치는 교사가 현대수학의 배경을 충분히 이해하지 못하고 적절한 교수·학습을 설계하여 운영할 수 없다면 실효를 거두기는 어렵다는 점이다.

사실 수학에서의 원리나 개념들은 짧은 시간에 만들어지지 않았다. 역사적으로 보더라도 많은 수학자들이 실패를 거듭하면서 시행착오를 통해 하나의 결과를 도출하고 이와 관련하여 한 단계 진보된 결과들을 만들어 내었다. 이는 수학교과의 특성 가운데 중요한 계통성과도 맥을 같이 한다. 우리는 수학을 잘하기 위해서는 기초부터 충분히 학습이 되어야만 다음 단계인 더 높은 수준의 수학을 학습할 수 있다는 사실에 모두 공감한다.

이 책은 이러한 관점에서 학교교육의 시작단계인 초등학교의 예비교사를 양성하는 교육대학교의 교양수학교재로서 집필되었다. 고등학교 시절까지 수학을 학습한 것과 유사하게 어떻게 하면 짧은 시간에 많은 문제를 해결할 것인가에 초점을 두기보다는 제시된 수학적 개념이 가지는 의미가 무엇인지를 심도 있게 생각해보는 기회를 가지도록 하였다. 또한 개념에 대한 명확한 인지를 바탕으로 왜 이러한

Preface

내용을 학습해야 하는지 그리고 이를 학생들에게 어떻게 지도하는 것이 효과적일 것인지에 대한 해결책을 스스로 모색해보도록 내용을 구성하고자 하였다.

이 책은 모두 11개의 주제로 이루어져 있으며 주당 2시간 한 학기 강의용으로 구성하였다. 초등학교 현장과의 연계성을 고려하여 초등수학교육에서 다루어지는 학습내용과 관련하여 주제를 설정하였으며 실제적인 연계성을 인지할 수 있도록 수학교과서 내용 및 초등 관련 학습 자료를 제시하였다. 또한 읽을거리를 통하여 수학의 역사 및 발생 배경과 수학자의 삶 등을 살펴봄으로써 수학에 대한 흥미를 유발하고 수학교사로서의 전문성 향상에도 도움을 제공하고자 하였다.

미비한 부분들에 대해서는 지속적으로 보완해나갈 것을 다짐하며, 여러분들의 기탄없는 제언과 질정을 바란다. 마지막으로 책을 출판하는 데 도움을 주신 출판사와 편집관계자 모든 분들께 감사의 마음을 전한다.

저자 일동

Contents 목차

chapter 0 수학이란? ······ 1

chapter 1 논리 ······ 9

chapter 2 집합 ······ 23

chapter 3 관계 ······ 37

chapter 4 함수 ······ 51

chapter 5 농도와 무한집합 ······ 63

chapter 6 수 체계 ······ 75

chapter 7 약수와 배수 ······ 91

chapter 8 유클리드 기하학 ······ 105

chapter 9 도형의 변환 ······ 123

chapter 10 산술과 대수적 구조 ······ 139

chapter 11 확률과 통계 ······ 153

❑ [부록 Ⅰ] 연습문제 풀이 ······ 167

❑ [부록 Ⅱ] 찾아보기 ······ 170

Chapter 0

수학이란?

수학은 사고의 대상을 다루는 학문이며 인간의 지적인 사고능력을 강화시켜 주기 때문에 우리는 논리적으로 사고하고 합리적으로 문제를 해결할 수 있는 능력을 기르기 위하여 수학을 공부한다. 수학은 예로부터 진리탐구의 기본으로 여겨졌으며, 자연의 이해와 기술개발의 도구로서 과학기술 발전의 초석이었다. 그래서 우리는 수학을 과학의 여왕이라 부르고 있으며, 이제는 산업, 금융, 국방, 정보통신, 의학 등 수학이 미치지 않는 곳이 없다. 특히, 우리 주변에는 수학이 항상 존재하며, 우리의 생활은 늘 수학적 사고를 필요로 한다. 따라서 수학은 자연과학과 공학은 물론 사회과학을 전공할 학생들에게 필수적인 학문이며, 일반인에게는 생활의 지혜를 주는 학문이라 해도 과언이 아니다.

수학(數學, Mathematics)에서 한자 數學은 '수를 배운다'는 의미이지만, 영어 Mathematics는 그리스어로 배운다는 뜻의 Manthano와 과학이란 뜻의 Mathema에서 유래한 말로 수, 계산의 의미보다는 '배우는 것, 생각하는 것, 사고하는 과학'을 뜻한다.

일반적으로 자연과학은 실체를 취급하지만, 수학은 인간의 마음속에 존재하는 관념적 대상을 취급하는 정신적인 학문이다. 맛있는 사탕 3개와 예쁜 돌 3개에서 수학적 관심은 3이라는 숫자뿐이고, 맛이나 멋 등은 수학의 대상이 아니다. 구면과 토러스(torus)는 서로 다른 곡면이지만 손잡이가 달린 컵과 토러스는 같은 곡면으로 볼 수 있는 것이 수학이다.

수학이란 무엇인가?

인간 정신의 표현으로서의 수학은 적극적인 의지, 명상적인 이성, 그리고 심미적인 완벽에 대한 욕망을 반영한다. 수학의 기본적인 요소로는 논리와 직관, 분석과 구성, 일반성과 개별성이 있다. 상이한 전통이 서로 다른 면을 강조할는지 모르지만 수학은 이들 대조적인 힘에 대한 상호 작용이고 생활의 유용성, 수리과학의 최고 가치를 형성하도록 종합하는 도구이다. 모든 수학적 발전은 심리적인 근원을 다소간의 실용적인 요구에 두고 있다. 그러나 반드시 응용되어야 한다는 압박감에서 시작되었어도 필연적으로 수학 자체로서의 힘을 얻게 되고 즉각적인 응용이라는 속박을 벗어나게 된다. 응용과학으로부터 이론과학으로의 이러한 추세는 고대 역사에서부터 나타났으며 근대수학에 대한 공학자와 물리학자들의 많은 공헌에서도 발견된다.

여러 위대한 수학자들은 수학에 관해 다음과 같이 언급하였다. 힐베르트(D. Hilbert, 1862-1943)는 수학적 탐구는 신이 창조한 우주의 섭리를 발견하여 수학의 도구를 빌려서 이것을 기술하는 행위라고 주장한 데 반해, 그의 수제자인 바일(C. H. Weyl, 1885-1955)은 수학적 탐구는 새로운 것을 창조하는 활동이라 하여 그의 스승과 상반된 견해를 지니고 있었다. 하디(G. H. Hardy, 1877-1947)는 수학적 탐구는 무해하고 순수한 활동(harmless and innocent occupation)이라 하였다. 영국의 위대한 천체 물리학자 호킹(S. Hawking, 1942-2018)은 우주의 형태와 본질을 알기 위해 수학이라는 도구를 사용하고 있다는 점에서 힐베르트의 견해와 부합된다. 막스 블랙, 화이트헤드, 클라인은 수학을 다음과 같이 언급하였다.

- 막스 블랙 : 수학은 기호로 표현되는 것의 구조를 연구하는 모든 기호체계의 문법이다.
- 화이트헤드 : 수학은 모든 유형의 형식적이고 필연적인 연역적 추론이다.
- 클라인 : 수학은 창조적인 과정으로 실제적인 문제에서 개념을 찾고 이상화하며, 관련이 있는 여러 체계를 개념화하여 문제를 설정하고, 가능한 해를 직관적으로 이끌어 내는 동시에 그 예상을 연역적으로 증명하는 것이다.

❑ 수학의 본질을 논하는 사상

수학의 본질을 논하는 사상에는 '수학적 지식은 안전한 기초위에 있다'고 보는 **절대주의** 입장과 '수학적 지식에는 절대적인 기초가 존재하지 않으며, 존재한다 하더라도 어느 것이 기초인지 판단할 수 없다'는 **상대주의** 입장이 있다. 여기에서는 절대주의적 입장인 플라톤주의, 논리주의, 형식주의, 직관주의에 대하여 알아보자.

플라톤주의는 수학의 대상과 구조는 인간과 무관하게 객관적으로 존재하며, 수학 탐구 방법은 연역적이라고 보는 입장이다. 플라톤 주의자들은 수학을 한다는 것을 이미 절대적으로 존재하는 관계를 발견하는 과정으로 본다.

러셀(B. Russell, 1872-1970)과 화이트헤드(J. H. C. Whitehead, 1904-1906)는 '*Principia Mathematica*'에서 수학의 원리는 모두 논리학의 원리 및 집합과 논리의 관계로 환원시킬 수 있다고 생각하여, 이 대전제 아래에서 수학의 전 체계를 공리적으로 재구성하였다. 그들의 이러한 입장을 **논리주의**라고 부르고 있다.

그러나 현대 수학에 논리주의보다 더 큰 영향을 끼친 기초론에 관한 견해는 힐베르트의 **형식주의**이다. 그가 '기하학 기초론'에서 기하학의 공리를 대수학 또는 실수론의 세계로 옮기고, 기하학의 실수론적 모델을 만들었다는 것은 중요한 의미를 지닌다. 형식주의의 기본 주장은 첫째, 수학에서 개념 구성과 추론은 확실성을 가져야 하며 궁극적으로 수학 이론을 완전히 공리화하여 그 무모순성을 증명하는 것을 목표로 삼으며 둘째, 이러한 목적 아래 수학 이론의 전개에 있어서는 유한의 입장을 지켜 형식화된 기호론의 형태로 무모순성의 증명을 이끄는 것이었다.

힐베르트의 형식주의와 러셀의 논리주의에 반대하는 세력을 대표하는 사람은 네덜란드의 수학자 브로우베르(J. Brouwer, 1881-1966)이었다. 그는 수학 상의 원리나 공리는 임의로 정할 수 없다고 주장한 이른바 **직관주의** 학파의 창시자이다. 그는 언어나 논리는 수학의 전제 조건이 될 수 없으며, 수학은 본래 직관을 바탕으로 삼는 학문이고, 직관에 의하여 그 개념이나 추론을 직접 밝히는 학문이라고 주장하였다.

현대 수학의 추상적, 공리적, 구조적 성격은 1950년대 니콜라스 부르바키라고 자칭하는 프랑스의 수학자 집단이 이룩한 수학의 온갖 분야를 망라하는 저술 '수학원론'에 잘 나타나 있다. 이 책들의 집필 태도는 공리적 방법과 논리적 구조를 기술하는 데 추상적, 보편적 형식을 철저하게 지키고 있다는 점이다. 이들은 수학의 구조에 역점을 둠으로써 사고의 절약을 기대하고, 계산 대신에 개념을 중시하는 입장이다.

이와 같이, 수학의 본질에 관한 논의는 다양하지만, 대체로 수학은 사고하는 방법이며, 모형을 연구하는 학문이고, 추상화된 기호의 학문이다. 수학에서는 엄밀한 논리적 추론에 의한 사고가 필요하고, 수학은 물리적 세계에 있는 대상과 관계를 추상화하여 **수학적 모형**(pattern)을 구성하며 가능한 모든 모형을 연구한다. 또한 수학은 추상화하는 과정에서 세밀하게 선택된 용어와 기호를 수학 언어로 사용한다.

수학의 특성은 무엇인가?

수학교과가 가지는 특성에는 추상성, 형식성, 일반화, 특수화, 직관성, 논리성, 계통성 등이 있다.

첫째, **추상성**은 어떤 구체물의 집합이 있을 때 이질적인 요소는 제거하고 동질적인 요소만 취하는 과정 또는 성질이다. 수학에서는 실제로 존재하는 물리적 대상만을 다룰 필요가 없다는 것이다. 자연수는 물건의 개수를 추상화한 것이고, 삼각형이라는 실체는 존재하지 않는다. 수학에서 다루는 대상은 추상화하여 얻어진 개념으로, 수학은 이러한 개념들 사이의 관계를 연구한다. 둘째, **형식성**은 어떤 대상에서 추상화의 사고 방법을 통하여 공통적인 패턴이나 필요한 규칙, 원리 등을 만들어가는 과정으로 수학이 공리와 추론규칙에 의해 전개됨을 뜻한다. 형식성은 수학적 엄밀성을 보장하기 위한 장치이다. 셋째, **일반화**와 **특수화**를 들 수 있다. 일반화는 개별적인 대상에 대한 고찰에서 얻어진 결과를 그 대상을 품는 전체 집합으로 고찰의 대상을 넓히는 것을 뜻하고, 특수화는 어느 대상의 집합에 대한 고찰에서 그 집합이 포함되는 보다 좁은 범위의 집합, 또는 그 중의 어느 한 대상에 대하여 고찰하는 것을 뜻한다. 즉 일반화는 귀납적인 탐구과정을 통하여 얻어진 산출물이라면, 특수화는 연역적인 탐구과정을 통하여 개별적인 사례에 적용하여 새로운 산출물을 얻는 활동이라 할 수 있다. 넷째, 수학은 **직관성**과 **논리성**이라는 특성을 가진다. 수학은 새로운 명제를 유도할 때 추론이 필요한데, 추론에는 귀납적 추론과 연역적 추론이 있다. 귀납적 추론은 관찰, 실험, 영감을 통하여 어떤 새로운 사실을 발견해 내는 직관적 사고과정이며, 연역적 추론은 주어진 가정으로부터 결론을 이끌어 가는 논리적 사고과정이다. 일반적으로 수학에서는 귀납적 추론에 의하여 새로운 사실을 발견하고, 그것을 연역적 추론에 의하여 증명함으로써 진리로 확정된다. 다섯째, **계통성**은 어떤 기초적인 수학내용을 토대로 하여 새로운 학습을 덧붙이거나 통합하여 새로운 개념을 형성하기도 하고, 새로운 내용을 구성하기도 한다. 즉, 수학 체계는 공리와 정의에서 연역추론에 의하여 정리를 증명함으로써 새로운 내용을 차례로 첨가하게 되므로 논리적으로 타당한 계통성이 만들어진다.

수학은 왜 가르쳐야 하고, 왜 공부해야 하는가?

수학은 우리가 생활하고 있는 실세계를 이해하고 표현하고 해석하는데, 우리가 사회생활에 적극적으로 참여하는데 없어서는 안 될 중요한 교과이다. 양을 세고, 셈을 하고, 모양을 표현하고, 미지의 사실에 대해 예측하는 일 등 수학적 아이디어는 인간의 생활 속에서 오랫동안 사용되어 왔다. 또한 우리는 생활 속의 수학문제를 해결하고자 할 때, 경험이나 상식이 얼마나 중요한가를 알고 있다. 그러나 경험과 상식을 바탕으로 문제 상황을 분석하고 그 결과를 유추한 후, 그것을 수학 기호와 식으로 나타낼 수 있다면, 이것은 수학적 지식이 되어 다른 문제 상황에도 적용될 수 있다. 문제 상황에 따라 생활 속의 경험에 비추어 보면 쉽게 해결할 수도 있지만 수학화할 필요가 있는 경우도 있다. 왜냐하면

$$\frac{1}{3}+\frac{1}{9}+\frac{1}{27}+\frac{1}{81}+\cdots=\frac{1}{2}\text{과}\quad \frac{1}{2}+\frac{1}{3}+\frac{1}{4}+\frac{1}{5}+\cdots=\infty$$

임을 보이는 것은 단순한 경험으로는 쉽지 않기 때문이다. 또한 이러한 경험은 수열과 급수 및 극한 등으로 수학화되어 단순한 생활 문제뿐만 아니라 복잡한 산업 사회의 제반 문제의 해결을 가능하게 해준다.

수학은 아름다움을 만들어 내는 학문이고, 매우 유용한 학문이기 때문에 우리는 수학을 공부한다. 수학자 하디는 수학에서 볼 수 있는 추상화된 아이디어들의 아름다움을 강조했다. 수학의 아름다움은 우주와 자연의 조화로운 질서를 닮은 것으로 우리가 배워야할 아름다움이다.

또한, 교육 목적 중의 하나가 정신훈련인데 우리는 수학을 통하여 지적인 정신능력을 강화할 수 있다. 수학을 한다는 것은, 마치 체력을 단련하기 위하여 체조를 하듯이, 우리의 사고 능력 발달을 위하여 정신적인 체조를 하는 것과 같다.

한편, 영국의 페리가 '수학의 유용성에 대하여'라는 강연에서 밝힌 수학의 유용성과 필요성은 다음과 같다.

첫째, 고상한 정서를 가지게 하고 기쁨을 준다.

둘째, 두뇌의 발달과 수학 자체의 연구에 유용하다.

셋째, 과학연구의 수학적 기초이고, 과학의 기초가 되는 원리를 알려준다.

넷째, 지적 도구가 된다.

다섯째, 권위에 굴하지 않고 자기 생각을 관철시키는 능력을 길러 준다.

마지막으로, 철학자에게 논리적 도움을 주고, 추상론에 빠지지 않도록 한다.

수학, 무엇을 다루나?

많은 사람들이 수학이란 단지 수와 계산이라고 생각하기 쉽다. 그러나 수와 계산은 수학의 극히 일부분에 지나지 않는다. 실제로는 수학은 패턴(pattern)의 과학이다. 수학의 분야 중 잘 알려진 분야를 패턴으로 설명해 보자.

논리학은 추상적인 추론의 패턴을 연구하고, 수론은 수의 패턴을, 기하학은 모양의 패턴을, 대수학은 분류의 패턴을, 미적분학은 연속적인 움직임과 변화의 패턴을 연구한다. 위상수학은 상대적인 위치와 접근의 패턴을, 확률론은 무작위 사건에서 반복되는 패턴을, 통계학은 자료의 패턴을 연구한다. 중·고등학교 수학 교육과정이나 대학의 수학과에서 배우는 수학의 영역은 크게 순수수학과 응용수학, 또는 현대수학 등으로 분류되며 구체적으로는 다음과 같다.

- **집합과 논리**(set theory and logic)
- **정수론, 선형대수 및 현대대수를 배우는 대수학**(algebra)
- **미적분학, 미분방정식, 실해석과 복소해석을 배우는 해석학**(analysis)
- **유클리드기하, 비유클리드기하 및 미분기하를 배우는 기하학**(geometry)
- **거리공간론을 포함한 위상수학**(topology)
- **확률론**(probability)**과 통계학**(statistics)

읽을거리

수학의 엄밀성

수학은 공리적 방법을 통해 확실성과 엄밀성이 특징인 학문이다. 수학적인 명제들은 엄밀한 계산과 증명과정을 통해 진리가 참임을 밝힌다. 원주율 π의 정확한 값을 구하려고 아르키메데스 등 수많은 수학자가 노력했으나 결국 무리수임을 밝혔고, $\sqrt{2}$가 유리수가 아님을 알리려고 피타고라스 학파의 한 사람이 목숨을 잃었다.

'페르마의 마지막 정리'는 페르마(P. Fermat, 1601-1665)가 증명했다고 책의 한쪽에 써 놓았고 또 대부분의 수학자들이 옳다고 믿었지만, 360년이 지난 후에야 증명되었다. 한편, 소설로까지 출판된 모든 짝수는 소수들의 합으로 표현된다는 '골드바흐의 추측(Goldbach's conjecture)'은 수천 가지의 가능한 예가 있음에도 불구하고, 자연수는 무한이므로 일반적인 증명일 수 없다. 그래서 250년이 지난 지금도 미해결 문제로 남아서 골드바흐의 추측이라 불린다.

이처럼 수학에서 추측이나 가설은 옳다고 생각은 되지만 증명되지 않은 명제를 가리키는데, 이들은 엄밀한 수학적 증명이 뒤따르지 않으면 결코 참인 명제가 될 수 없음을 보여준다.

미국의 클레이 수학연구소(Clay Mathematics Institute, CMI)에서 2000년에 선정한 '밀레니엄 문제(Millennium Prize Problems)'는 21세기 사회발전에 가장 크게 공헌 할 수 있지만 아직까지 풀리지 못한 중요한 수학문제 7개를 말한다. 이 난제들을 해결하는 사람들에게는 한 문제당 100만 달러, 약 11억원 상당의 상금이 수여된다. 7개의 밀레니엄 문제는 P-NP 문제, 리만 가설, 나비에-스토크스 존재성과 매끄러움, 푸앙카레 추측, 버치-스위너턴다이어 추측, 호지 추측이다. 이들 중 푸앙카레 추측은 러시아의 천재 수학자 그레고리 페렐만이 2002년 증명했다.

필즈상(Fields medal) - 수학의 노벨상

필즈메달[1)]

스웨덴의 폭약 발명가 노벨이 전 재산을 바쳐서 만든 노벨상은 매년 가장 훌륭한 업적을 남긴 사람들에게 수여된다. 김대중 전 대통령이 수상한 평화상을 비롯하여 문학상, 의학상, 물리학상, 화학상, 경제학상이 있으나 수학상은 없다. 노벨상에 수학상이 없는 것은 매우 의아한 일이나 노벨이 노르웨이 수학자 미타그-레플러와 사이가 좋지 않아서 수학상을 만들지 않았다고도 한다.

수학의 노벨상을 대신할 상으로는 캐나다 토론토 대학의 필즈 교수의 노력으로 만들어진 필즈상이 있다. 필즈는 1919년부터 1925년까지 캐나다 왕립재단의 재단장을 지냈으며 1924년 7회 세계수학자대회(International Congress of Mathematics, ICM)의 회장이었는데, 자기의 전 재산을 기금으로 하여 노력한 결과, 그가 죽은 직후인 1932년 9회 세계수학자대회에서 필즈상을 만들기로 결정되었다. 필즈상은 국제수학연맹(IMU)의 주최로 4년마다 열리는 세계수학자대회(ICM)에서 수여된다. 첫 번째 필즈상은 1936년에 수여되었고, 제2차 세계대전으로 인하여 14년간 시상이 중단되었다가 1950년부터 다시 시상이 이어졌다. 동양인 수상자로는 현재 일본 3명, 베트남 1명, 이란 2명 등이 있다.

하지만 2000년에는 국제수학올림피아드(International Mathematical Olympiad, IMO)가 우리나라에서 개최되어 한국이 4위를 하였으며, 2014년에는 세계수학자대회(ICM)를 서울에서 개최한 것으로 미루어 볼 때 한국인 중에서도 필즈상 수상자가 곧 나타나리라 기대해 본다.

한편, 필즈상은 만 40세 미만의 수학자에게만 수여되므로 오히려 노벨상보다 가치 있는 상일 것이다. 필즈상 수상자에게 주는 필즈 메달에는 수학자 아르키메데스의 얼굴이 새겨져 있다.

---

1) 그림 출처 : https://upload.wikimedia.org/wikipedia/commons/0/0c/FieldsMedalFront.jpg

Chapter 1

논리

생각열기

☞ 명제만 선생님 : 여러분, 오늘은 짝수와 홀수에 대해 하나씩 말해 보세요.

A군 : 모든 자연수는 홀수가 아니면 짝수입니다.

B양 : 그럼 모든 자연수는 홀수이거나 짝수이네요.

C군 : 짝수이고 홀수인 자연수는 존재하지 않네요.

명제만 선생님 : 여러분이 이야기한 것은 왜 동일한 뜻을 가지고 있을까요?

☞ 명제만 선생님 : 도형의 합동에 대해서 이야기해 봅시다. 두 삼각형이 합동이면 넓이는 같습니다.

A군 : 넓이가 같으면 두 삼각형은 합동이야.

B양 : 두 삼각형이 합동이 아니면 넓이는 같지 않아.

C군 : 두 삼각형이 넓이가 같지 않으면 합동이 아니야.

명제만 선생님 : 여러분 중에 누구의 말이 맞나요?

논리적인 사고는 모든 학문의 기본이다. 이러한 논리적인 사고를 기반으로 하는 논리학은 **논증** 또는 **추론의 학문**이라고도 하며 학문 연구에 있어 매우 중요하다. 논리학은 올바른 지식 체계를 확립하기 위하여 조리 있고 이치에 맞게 생각하는 방법과 추론하는 형식을 연구하는 것이며, 올바른 생각과 잘못된 생각을 판별하는 기준을 연구하는 학문 분야이다. 논리학은 크게 **고전논리학**과 **기호(수리)논리학**으로 구분할 수 있다. 고대 그리스시대부터 연구되어진 고전논리학은 정형화된 일정한 명제와 다른 명제를 결합하여 일정한 결론을 연역하는 방식으로 아리스토텔레스의 삼단논법이 대표적인 예라 할 수 있으며, 기호 논리학은 논리학에서 사용되는 언어를 기호의 형태로 치환하여 보다 많은 언어의 관계를 연구하기 위한 확장된 형태의 논리학으로 라이프니츠(G. W. Leibniz, 1646-1716)에 의하여 처음 제기 되었으며 프레게(F. L. G. Frege, 1848-1925), 화이트헤드, 러셀 등에 의하여 발전되었다. 현대의 수학이론은 공준(또는 공리)이라고 불리는 초기의 명제와 이러한 기호논리학의 상호작용의 결과로서 나타난다. 수학뿐만 아니라 모든 학문은 논리적으로 타당하다고 인정받았을 때 비로소 진정한 학문으로서 성립될 수 있기 때문에 학문을 연구하는 모든 사람들에게 있어 논리학은 필수적이라 할 수 있겠다.

명제란 무엇인가?

참과 거짓을 분명하게 구별할 수 있는 문장을 **명제**(proposition)라고 한다. 명제의 참, 거짓을 그 명제의 **진리값**(truth values)라고 하며 각각 "True(T)"와 "False(F)"로 나타낸다. 예를 들면, '7은 소수이다'와 같은 문장은 참인 명제이고, '명제만은 수학을 잘한다'와 같은 문장은 참과 거짓을 판별할 수 없으므로 명제가 아니다. 주어진 문장이 주어와 술어로 더 이상 분해할 수 없는 명제를 **단순명제**(simple statement)라고 하며, 단순명제들을 아래 소개하는 **논리연산자**(connective)들에 의하여 결합된 것을 **합성명제**(compound statement)라 한다. 단순명제는 알파벳 소문자 p, q, r, … 으로 표시하고, 합성명제는 대문자 P, Q, R, … 으로 표시한다. 논리연산자는 '그리고', '또는', '아니다', '만약 ~이면, ~이다'가 있으며, 우리는 각각 '∧', '∨', '~', '→'로 나타내기로 한다.

주어진 명제 p, q에 대해서, **합접**(conjunction) 또는 **논리곱**(logical product)은 '$p \wedge q$'로 나타내고, 'p이고 q이다'의 의미이다. **이접**(disjunction) 또는 **논리합**(logical sum)은 'p이거나 q이다'이며 '$p \vee q$'로 나타낸다. **조건문**[2](conditional statement)은 'p이면 q이다'이며 '$p \rightarrow q$'로 나타낸다. **부정**(negation)은 'p가 아니다'이며 '$\sim p$'로 나타낸다. **쌍조건문**(biconditional statement)은 'p이기 위한 필요충분조건은 q이다'를 '$p \leftrightarrow q$'로 나타낸다.

명제들의 모든 조합에 대한 합성명제의 참과 거짓은 주어진 기본적인 명제 p와 q의 진리값에 따라 정해지며, 그들 사이의 관계는 **진리표**(truth table)로 나타내는 것이 편리하다. 논리곱, 논리합, 조건문, 부정의 진리표는 다음과 같다.

---

2) 일상 언어로 하면 "만일 p가 참이면 q도 참이다"라는 말의 뜻은 p와 q사이에 원인과 결과의 관계가 있으나(가령 "만일 정인이가 이 학점을 따면 정인이는 졸업할 것이다"의 경우와 같지만) 수학에서 함의(implication)는 형식적인 뜻으로 쓰인다. 따라서 $p \rightarrow q$는 "p가 참이면 q가 거짓이다"라는 경우를 제외하고는 항상 참이다.

p	q	$p \wedge q$	$p \vee q$	$p \rightarrow q$	~p
T	T	T	T	T	F
T	F	F	T	F	F
F	T	F	T	T	T
F	F	F	F	T	T

만약 조건문 $p \rightarrow q$가 항상 참이면 '$p \Rightarrow q$'로 나타내며 **함의**(implication)이라고 한다. 만약 쌍조건문 $p \leftrightarrow q$가 항상 참이면 '$p \Leftrightarrow q$'로 나타낸다.

예제 1.1 주어진 명제 p, q에 대해서, $[(p \vee q) \wedge \sim p] \rightarrow q$의 진리값이 항상 참임을 밝히시오.

p	q	[(p	∨	q)	∧	~p]	→	q
T	T	T	T	T	F	F	T	T
T	F	T	T	F	F	F	T	F
F	T	F	T	T	T	T	T	T
F	F	F	F	F	F	T	T	F
단계			①		③	②	④	

위의 보기는 p와 q의 진리값이 무엇이든지 고려하고 있는 명제는 항상 진리값이 참(T)을 갖는다는 사실을 의미한다. 이와 같이 특별한 종류의 명제를 **항진명제**(tautology) 또는 **논리학의 법칙**(law of logic)이라 부르며, 이와 같은 명제들은 논리학의 연구에서 절대적인 역할을 한다.

정리 1.1 ▌ 모든 명제 p, q, r에 대해 다음 명제는 참이다.

$$[(p \rightarrow q) \wedge (q \rightarrow r)] \Rightarrow (p \rightarrow r)$$

증명 $[(p \to q) \wedge (q \to r)] \Rightarrow (p \to r)$ 에 대한 진리표를 만들면 모든 행에서 이 문장의 진리값이 참이 됨을 알 수 있다.

명제의 모든 진리값이 참이 되는 항진명제와는 반대로 $p \vee \sim p$와 같이 진리값이 항상 거짓이 되는 명제를 **모순명제**(contradition)이라 한다.

논리적 동치

두 개의 합성명제 P, Q가 모든 경우에 동일한 진리값을 가지게 된다면 그 두 명제는 **논리적 동치**(logically equivalence) 또는 **동치명제**(equivalence statement)라고 말하고 '$P \Leftrightarrow Q$'로 나타낸다. 즉 한 명제가 참이라면 다른 명제도 참이라는 것이 되고, 한 명제가 거짓이라면 다른 명제도 거짓이라는 것이 된다. 진리표를 사용한 논리적 동치의 예를 살펴보자.

예제 1.2 $p \to q$와 $\sim p \vee q$의 진리표를 만들어 보자.

p	q	$p \to q$	~p	$\vee$	q
T	T	**T**	F	**T**	T
T	F	**F**	F	**F**	F
F	T	**T**	T	**T**	T
F	F	**T**	T	**T**	F

앞의 예제에서 두 명제의 진리값이 참과 거짓이 일치함을 발견할 수 있을 것이다. 따라서 두 명제 $p \to q$와 $\sim p \vee q$는 논리적으로 동치라 말하며, 이에 따라 명제 $(p \to q) \Leftrightarrow (\sim p \vee q)$는 **항진명제**가 된다.

예제 1.3 $p \to q$와 $\sim q \to \sim p$가 논리적 동치임을 보이시오.

명제가 논리적으로 동치라는 사실의 중요성은, 하나의 명제의 구조를 논리적으로 동치인 명제의 구조로 원래 명제의 진리값에 영향을 주지 않는다는 완전한 확신을 갖고 바꿀 수 있다는 사실에 놓여 있다. 그러므로 명제 $\sim q \to \sim p$가 어디에 나타나더라도 명제 $p \to q$로 교체할 수 있다. 마찬가지로, $\sim(\sim p)$이 어디에 나타나더라도 p로 교체할 수 있다.

예제 1.4 다음에 주어진 명제와 논리적 동치인 명제를 찾으시오.

(1) $(p \wedge \sim q) \to (\sim p \vee q)$ (2) $(\sim p \wedge \sim q) \to p$

모든 명제는 교환, 결합, 배분법칙 등을 포함하여 다양한 대수 법칙을 만족한다.

정리 1.2 임의의 명제 p, q, r에 대해 다음의 동치관계가 성립한다.

(i)	$p \vee T \Leftrightarrow T,\ p \vee F \Leftrightarrow p$	(항등법칙)
	$p \wedge T \Leftrightarrow p,\ p \wedge F \Leftrightarrow F$	
(ii)	$p \vee p \Leftrightarrow p$	(멱등법칙)
	$p \wedge p \Leftrightarrow p$	
(iii)	$p \vee (q \vee r) \Leftrightarrow (p \vee q) \vee r$	(결합법칙)
	$p \wedge (q \wedge r) \Leftrightarrow (p \wedge q) \wedge r$	
(iv)	$p \vee q \Leftrightarrow q \vee p$	(교환법칙)
	$p \wedge q \Leftrightarrow q \wedge p$	
(v)	$p \vee (q \wedge r) \Leftrightarrow (p \vee q) \wedge (p \vee r)$	(분배법칙)
	$p \wedge (q \vee r) \Leftrightarrow (p \wedge q) \vee (p \wedge r)$	
(vi)	$p \vee \sim p \Leftrightarrow T$	(보법칙)
	$p \wedge \sim p \Leftrightarrow F,\ \sim(\sim p) \Leftrightarrow p,\ \sim T \Leftrightarrow F,\ \sim F \Leftrightarrow T$	
(vii)	$\sim(p \vee q) \Leftrightarrow \sim p \wedge \sim q$	(드모르간 법칙)
	$\sim(p \wedge q) \Leftrightarrow \sim p \vee \sim q$	

증명 증명은 독자에게 남긴다.

수학적 추론

친구들에게 지구 모양은 둥굴다는 것을 어떻게 납득시킬것인가? 우리가 일반적으로 알고 있는 과학적 사실들에서 새로운 사실을 발견하는 것을 **추론**이라 한다. 특히 수학적 추론은 우리가 발견한 사실이 참이라는 정당성을 밝히는 것이며 추론방법에는 연역적 추론, 귀납적 추론, 유비 추론이 있다. 수학에서 사용하는 용어가 무엇인지 확실하고 간결하게 설명한 문장을 **정의**(definition)이라 하고, 참인 명제를 **정리**(theorem)라고 한다. 참인 명제의 정당성을 밝히는 일을 **증명**(proof)이라 한다. 정리의 정당성을 밝히기 위해 필요한 보조적인 참인 명제를 **보조정리**(lemma)라고 하며, 하나의 정리로부터 쉽게 유도되는 참인 명제를 **따름정리**(corollary)라 한다. 따라서 수학하는 과정은 정의와 공리로부터 참인 명제, 즉 정리를 만들어 가는 것이다.

연역적 추론(deductive reasoning)

연역적 추론은 이미 알고 있는 일반적인 법칙을 근거로 구체적이고 특수한 사실에 적용함으로써 새로운 판단을 유도하는 추론이다. 즉, 이미 알고 있는 일반적인 법칙은 전제가 되고, 새로운 판단은 결론이 된다. 연역법은 전제에 결론이 나와 있어 결론을 부정한다면 모순에 빠지게 된다. 예를 들어, '소크라테스는 인간이다. 인간은 죽는다. 그러므로, 소크라테스는 죽는다.'와 같이 추이법칙에 의한 삼단논법이 가장 대표적인 예로써 근본적이고 증명된 원리를 이용하기 때문에 반박의 여지가 별로 없다.

예제 1.5 모든 직사각형은 두 대각선의 길이가 같다. 정사각형은 직사각형이다. 따라서 정사각형은 두 대각선의 길이가 같다.

귀납적 추론(inductive reasoning)

특수한 경우의 많은 관찰과 각 현상에 대한 실험 등으로부터 일반적인 법칙을 유도하는 방법을 **귀납적 추론**이라 한다.

대우법(Proof of contrapositive)

조건문 p → q는 ~q → ~p와 논리적으로 동치이다. 따라서 **대우법**은 p ⇒ q의 증명을 ~q ⇒ ~p가 성립함을 보임으로서 명제를 증명하는 방법이다. 즉 q가 거짓임을 가정하면 p도 거짓이 됨을 보이는 것이다. 이는 p → q의 진리표 상에 두 번째 행의 경우가 불가능해진다.

예제 1.6 '어떤 수의 제곱이 홀수이면 그 수는 홀수이다'를 대우법으로 증명하시오.

증명 주어진 명제의 대우는 '어떤 수가 홀수가 아니면 그 수의 제곱은 홀수가 아니다'이다. 가정에서 어떤 수가 홀수 a가 아니면 그 수는 짝수이므로, 적당한 자연수 k에 대해서, $a=2k$가 된다. 그러면 $a^2=(2k)^2=4k^2=2(2k^2)$가 되므로, a^2은 짝수이다. 따라서, 그 수의 제곱은 홀수가 아니다. 그러므로 대우법에 의해 명제가 성립한다.

귀류법(reduction to absurdity)

귀류법은 어떤 명제의 결론부분을 부정했을 때, 추론한 결과에서 일반적으로 잘 알려진 어떠한 사실에 모순을 이끌어내어 주어진 명제가 참임을 증명하는 방법이다. 만약 어떠한 사실이 주어진 가정이 되는 경우는 대우법과 동일하다.

예제 1.7 $\sqrt{2}$가 유리수가 아님을 귀류법을 이용하여 증명하시오.

수학적 귀납법(mathematical induction)

수학적 귀납법은 주로 어떤 명제가 모든 자연수에 대하여 성립함을 보이려고 할 때 이용된다. 먼저 주어진 명제가 가장 작은 자연수에 대하여 성립함을 보이고, 다음으로 임의의 자연수 n에 대하여 만족한다면, n+1에서도 만족한다는 것을 보인다. 그러면 주어진 명제가 모든 자연수에 대하여 성립하게 된다.

예제 1.8 홀수의 합 $1+3+5+\cdots+(2n-1)=n^2$임을 증명하여라.

증명 1에 대하여 $1=1^2$이 성립한다. 만일 $n=k$일 때, $1+3+5+\cdots+(2k-1)=k^2$이

성립한다면, $1+3+5+\cdots+(2k-1)+(2k+1)=k^2+(2k+1)=(k+1)^2$이므로 $k+1$도 성립한다. 따라서 수학적 귀납법에 의하여 모든 자연수 n에 대하여 $1+3+5+\cdots+(2n-1)=n^2$이 성립한다.

한정기호

수학의 본질에 관한 논의는 다양하지만 수학은 추상화된 기호의 학문이다. 음악을 공부할 때 악보를 읽는 것과 마찬가지로 수학에서도 기호를 읽을 수 있어야 한다. 수학의 논리에는 양을 나타내는 두 한정기호가 있는데, 하나는 전체를 나타내는 **전칭한정기호** '∀'이고, 다른 하나는 그 부분을 나타내는 **존재한정기호** '∃'이다. 기호 ∀는 고딕체의 대문자로 쓴 A를 위(아래)로 뒤집어 놓은 것으로써 수학적 의미는 '임의의(arbitrary)' 또는 '모든(all)'을 나타낸다. '모든 x에 대하여 p(x)이다'를 '∀x, p(x)'로 나타낸다. 기호 ∃는 영어 대문자 E를 왼쪽(오른쪽)으로 뒤집어 놓은 것으로써 '존재한다(exist)'를 의미한다. '∃x, p(x)'는 'p(x)인 x가 존재한다', 또는 '적어도 하나의 x에 대하여 p(x)이다'를 의미한다. 두 한정기호 ∀와 ∃는 서로 대립적인 기호의미를 갖는다. 즉 ∀가 전체를 나타내면 ∃는 부분을 뜻한다는 것이다.

예를 들어, 전체집합을 정수(ℤ)라고 하고, n(x)를 'x는 자연수이다', e(x)는 'x는 짝수이다', o(x)를 'x는 홀수이다' 그리고 p(x)는 'x는 소수이다'라고 하자. '∃x, e(x)'는 '짝수인 정수가 존재한다'를 의미하고, '∀x, (e(x)∨o(x))'는 '모든 정수는 짝수이거나 홀수이다'를 기호로 표현한 것이다. '모든 소수는 자연수이다'를 기호로 나타내면 '∀x, (p(x) → n(x))'이고, '짝수인 소수는 2이다'를 '∀x, (e(x)∧p(x)) ⇒ x = 2'로 나타낼 수 있다.

두 한정기호의 부정에 대해 알아보자. 전칭한정기호의 부정은 존재한정기호가 되고, 존재한정기호의 부정은 전칭한정기호가 된다. 예를 들어, '∀x∈ℤ, o(x)'의 부정은 '∃x∈ℤ, o(x)'이다. 즉, '모든 정수는 홀수가 아니다'라는 문장이 '홀수가 아닌 정수가 존재한다'라는 문장으로 바뀐다. '∃x∈ℤ, o(x)∧e(x)'의 부정은 '∀x∈ℤ, ~o(x) → e(x)'가 된다. 즉, 어떤 정수에 대해 그것이 홀수가 아니면 짝수이다.

학교수학

(1) 단순명제 : 참, 거짓 구별하기 (초등 4)

마무리

바르게 설명한 것은 ○표, 잘못 설명한 것은 ×표 하시오.

- 직사각형은 마주 보는 두 쌍의 변이 서로 평행합니다. ·········· (　　　)
- 직사각형은 네 변의 길이가 모두 같습니다. ···························· (　　　)
- 정사각형은 마주 보는 두 변의 길이가 같습니다. ····················· (　　　)
- 정사각형은 마주 보는 두 각의 크기가 같습니다. ····················· (　　　)

(2) 삼단 논법의 활용 (초등 3)

활동2

8의 $\frac{3}{4}$은 얼마인지 알아보시오.

- 사과 8개를 똑같이 4묶음으로 나누어 보시오.
- 한 묶음은 전체의 몇 분의 몇입니까?
- 8의 $\frac{1}{4}$은 얼마입니까?
- $\frac{3}{4}$은 $\frac{1}{4}$이 몇 개입니까?
- 8의 $\frac{3}{4}$은 얼마입니까?

(3) 논리적 추론(조건 분석 및 정리) (초등 4)

2 이집트 체험관을 방문한 관람객 수를 알아봅시다.

- 다섯 자리 수입니다.
- 1부터 5까지의 숫자를 한 번씩만 사용하였습니다.
- 2만보다 크고 3만보다 작은 수입니다.
- 일의 자리 수는 짝수입니다.
- 천의 자리 수는 백의 자리 수보다 크고, 백의 자리 수는 십의 자리 수보다 큽니다.

(4) 논리적 추론(귀납적 추론) (초등 4)

167÷20을 어떻게 계산하는지 알아봅시다.

- 167÷20의 몫이 얼마인지 어림하고, 어떻게 어림했는지 말해 보세요.

- 167÷20을 계산하는 방법을 알아보세요.

$20\times7=140$

$20\times8=160$

$20\times9=180$

$$\begin{array}{r} \square \\ 20\overline{)\,1\;6\;7} \\ \underline{\square\square} \\ \square \end{array}$$

몫 ________ 나머지 ________

- 계산한 결과가 맞는지 확인해 보세요.

20× □ = □

□ + □ = □

(5) 논리적 추론(연역적 추론, 삼단논법) (초등 4)

6 다음 도형이 마름모가 아닌 이유를 써 보세요.

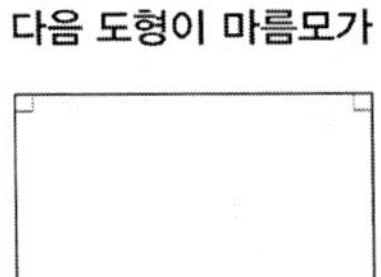

이유 ________

연습문제

1. 다음 명제의 진리값을 구하시오.
   (1) $(\sim p \lor q) \land p$
   (2) $\sim(p \land \sim q)$

2. 명제 p, q에 대해 다음 명제들이 참임을 보이시오.
   (1) $p \leftrightarrow \sim(\sim p)$
   (2) $(p \rightarrow q) \leftrightarrow (\sim p \lor q)$
   (3) $(p \land (p \rightarrow q)) \rightarrow q$
   (4) $((p \lor q) \land \sim p) \rightarrow q$

3. 주어진 명제 p, q에 대해 $p \Rightarrow p \lor q$와 $p \land q \Rightarrow p$가 항진명제임을 보이시오.

4. 다음을 증명하시오.
   (1) $\sim(p \lor q) \Leftrightarrow \sim p \land \sim q$
   (2) $\sim(\sim p \land \sim q) \Leftrightarrow p \lor q$
   (3) $\sim(\sim p \rightarrow q) \Leftrightarrow \sim p \land \sim q$
   (4) $\sim(p \rightarrow q) \Leftrightarrow p \land \sim q$

5. 모든 명제 p, q에 대해 $q \rightarrow r$이 참이면 다음의 합성명제가 참임을 밝히시오.
   (1) $p \lor q \rightarrow p \lor r$
   (2) $(p \rightarrow q) \leftrightarrow (p \rightarrow r)$

6. 다음 물음에 답하시오.

A, B, C, D, E, F, G, H, I 등 9명이 수학시험을 봤는데 그 중 한 명만이 만점을 받았다. 만점이 누구냐고 차례로 물었더니 다음과 같이 대답하였다.

A : 만점 받은 사람은 E입니다.
B : E가 아닙니다.
C : 내가 만점을 받았습니다.
D : C나 H 두 사람 중 어느 한명입니다.
E : 나입니다.
F : C입니다.
G : C가 아닙니다.
H : C도 아니고 나도 아닙니다.
I : H가 말한 것은 참입니다.

나중에 이들 가운데 3명만 진실을 말했고 나머지는 모두 거짓말을 했다는 것을 알았다. 그렇다면 만점을 받은 사람은 누구이고 진실을 말한 사람은 누구인가?

Tip 만점을 받은 사람을 명제 p, q, r 로 두고 추론해보자.

7. 집합, 두 한정기호($\forall$, $\exists$), 논리기호($\Rightarrow$, $\wedge$, $\vee$, ~) 등을 사용하여 다음 내용을 간단히 형식언어로 나타내어 보시오.

(1) 모든 실수 x에 대하여 $x+y=0$을 만족하는 실수 y가 항상 존재한다.

(2) x와 y가 실수일 때, $xy=0$이면 $x=0$이거나 $y=0$이다.

읽을거리

논리적 추론과 연역적 체계

논리적인 추론 방법에는 연역법과 귀납법이 있다. 귀납은 '개개의 특수한 사실을 토대로 해서 그 사실이 포함되는 전체에 해당하는 원리를 이끌어내는 논리'임에 반하여 연역은 '일반적인 원리로부터 개개의 특수한 사실에 그 원리를 적용하는 논리'라고 볼 때, 이는 서로 반대되는 성질을 가졌다고 생각할 수 있다. 그러나 연역적 추론의 일반적인 원리인 대전제는 여러 경험으로부터 얻은 결과이거니와 그것은 귀납적 추론을 통해서 얻게 된다. 따라서 연역과 귀납은 상호의존적이다. 다만 연역적 추론의 결론은 항상 '참'이므로 연역적 추론의 방법에서는 논리적인 방법이 강조되고 형식에 치중하여 명확한 결론을 이끌어 내는데 큰 역할을 하는 반면 귀납적 추론의 결론은 항상 '참'이 보장될 수 없으며, 귀납적 추론의 방법에서는 실험, 실측, 관찰, 조작 등 구체적인 방법이 강조되고 사실에 치중하여 결론을 이끌어 내는데 큰 역할을 한다. 연역적 추론에는 직접 증명법인 조건 명제를 증명하기, 삼단논법에 의해 순차적으로 전제에서 결론을 이끌어내기, 반례사용하기, 동치인 명제를 증명하기, 수학적 귀납법 등과 간접증명법인 대우법, 귀류법(모순법) 등이 있다.

수학의 대표적인 성질 중의 하나인 연역적 체계의 발생 배경을 살펴보면, 고대 그리스시대의 대표적인 수학자인 탈레스, 피타고라스, 제논 등에 의하여 논증기하학이 등장하게 되면서부터이다. 그 이후 B.C 300년경 유클리드(Euclid)는 '수학을 가르치는 것은 수학을 연역적으로 서술하는 것이며, 수학을 이해한다는 것은 수학을 연역적으로 이해하는 것'이라는 생각을 바탕으로, 일반적인 원리(공리 또는 공준 같은 자명한 명제)들을 전제하고 당시까지 연구된 내용을 종합·정리하여 연역적인 관점에서 "원론(Element)"이라는 책을 저술하였다. 이러한 수학의 전형적인 사고형식체계는 20세기 초반 수학교육의 근대화 운동이 일어나기 이전까지 수학교육에 영향을 미쳤다. 이로 인해 수학교육은 실용성과는 무관하게 이론만을 추구하는 산술과 대수의 형식적인 어려운 문제와 기하를 주된 내용으로 하여 연역적인 관점에서 설명과 증명 위주의 지식을 전수하는 것으로 간주되었으며 이러한 생각은 오늘날에도 많은 사람들에게 남아 있어 수학학습에 대해 어려움을 느끼게 한다.

논리학의 법칙

앞에서 언급한 바와 같이 논리식 혹은 합성명제가 각 명제의 참과 거짓의 모든 조합에 대하여 항상 참인 명제를 항진명제 또는 논리학의 법칙이라 하였다.

논리학의 법칙에는 $p \vee \sim p$ '배중률', $\sim(p \wedge \sim p)$ '모순률', $[(p \rightarrow q) \wedge (q \rightarrow r)] \Rightarrow (p \rightarrow r)$ '삼단논법', $p \Leftrightarrow \sim(\sim p)$ '이중 부정법', $(p \rightarrow q) \Leftrightarrow (\sim q \rightarrow \sim p)$ '대우법' 등이 있다.

두 개의 합성명제가 모든 경우에 동일한 진리값을 가질 때 그 두 명제를 논리적 동치라 불렀다. 이는 두 문장이 논리적으로 같다는 것을 의미하고, 한 문장이 참이면 다른 한 문장도 참이고, 한 문장이 거짓이면 다른 문장도 거짓이 된다는 뜻이다. 다음은 '논리적으로 동치인 명제의 쌍'의 예들이다.

$p \vee q$	$\Leftrightarrow$	$\sim(\sim p \wedge \sim q)$	$p \wedge q$	$\Leftrightarrow$	$\sim(\sim p \vee \sim q)$
	$\Leftrightarrow$	$\sim p \rightarrow q$		$\Leftrightarrow$	$\sim(p \rightarrow \sim q)$
$p \leftrightarrow q$	$\Leftrightarrow$	$\sim[\sim(\sim p \vee q) \vee (\sim q \vee \sim p)]$	$p \rightarrow q$	$\Leftrightarrow$	$\sim(p \wedge \sim q)$
	$\Leftrightarrow$	$\sim[(p \rightarrow q) \rightarrow \sim(q \rightarrow p)]$		$\Leftrightarrow$	$\sim p \vee q$
	$\Leftrightarrow$	$\sim(p \wedge \sim q) \wedge \sim(q \wedge \sim p)$			

Chapter 2 집합

생각열기

☞ 다음 중 집합인 것을 찾아보고, 그 이유를 생각해 봅시다.

- 예쁜 꽃들의 모임
- 1미만인 자연수의 모임

☞ 모든 모임들을 왜 집합이라고 하지 않을 까요? 그 이유를 생각해 봅시다.

사물의 모임 또는 집합에 대한 개념은 수학에서 매우 중요한 개념이다. 우리는 이미 중·고등학교에서 집합에 대한 개념을 직관적인 관점에서 벤다이어그램(Venn diagram) 등을 통해서 다루었다. 이러한 벤 다이어그램은 집합의 연산과 그 결과를 나타낸 그림으로써 집합에 관한 성질을 증명할 때 유용하게 사용된다.

집합에 대한 기초적인 개념은 오래 전부터 논의 되어 왔으나 수학에서 많은 관심의 대상이었던 무한(無限, infinity)의 문제[3]는 해결되지 않았다. 하지만 19세기 말 칸토어(G. Cantor : 1845-1918)에 의해 무한 개념이 도입됨에 따라 집합이 수학의 이론으로서 독립적인 대상으로 다루어지게 되었다. 이러한 집합에 대한 연구는 집합이 어떤 연산으로 결합되면 새로운 집합을 만든다는 사실을 바탕으로 한다. 연산과 관련되는 대수적 방법이 수가 아닌 집합과 같은 대상의 연구에 적용될 수 있다는 사실은 현대수학의 개념이 가지는 커다란 일반성을 보여주며, 집합에서 정의 되어진 연산은 수학적 개념을 체계적으로 바꾸는데 논리적 기초로서 도움이 되고 있다.

집합의 정의

집합(set)이란 어떤 조건에 의하여 원소가 되는 대상을 명확하게 구별할 수 있는 것

3) 고대 그리스 철학자 제논(Zenon, BC490? ~ BC 430?)은 역설(paradox)을 통해 무한이 실재한다고 가정했을 때 생기는 문제들을 보여주었다. 대표적인 역설로는 <아킬레스와 거북이의 역설>, <화살의 역설> 등이 있다.

들의 모임을 뜻한다. 그리고 집합을 이루고 있는 대상 하나 하나를 그 집합의 **원소**(element)라 한다. 칸토어에 의한 집합의 정의는 다음과 같다.

> **정의 2.1** ▌ 우리의 직관 또는 사고의 대상으로 서로 명확히 구분되는 원소들 전체의 모임을 **집합**(set)이라고 한다.

먼저 한 집합 A를 생각해보자. 집합을 표기할 때는 이처럼 영어알파벳의 대문자 A, B, C, ⋯ 을 사용한다. 반면에 그 집합 A의 원소들은 영문 알파벳의 소문자 a, b, c, ⋯ 을 사용하여 나타낸다. 예를 들면, '$a \in A$'라는 표현은 'a는 A의 원소이다'라는 의미이고, '$b \notin A$'라는 표현은 'b는 A의 원소가 아니다'라는 의미이다. 집합을 표현하는 방법으로는 집합의 원소들을 집합기호($\{\ \}$) 속에 하나하나 차례대로 나열하는 **원소나열법**과 술어형식으로 제시하는 **조건제시법**이 있으며, 직관적 표현방법으로 벤다이어그램(Venn diagram)을 이용하기도 한다. 예를 들면, 홀수들의 집합을 원소나열법으로 나타내면 $A=\{1, 3, 5, \cdots\}$이고, 조건제시법으로 나타내면 $A=\{\ n \mid n$은 홀수$\}=\{2n-1 \mid n \in \mathbb{N}\}$으로 나타낸다.

> **정의 2.2** ▌ 두 집합 A, B에 대하여 A의 모든 원소가 B에 속할 때, A를 B의 **부분집합**(subset)이라고 하고, 기호로는 '$A \subset B$' 또는 '$B \supset A$'로 표시한다. 즉 $\forall x, (x \in A \Rightarrow x \in B)$가 성립할 때이다. 부분집합 중에서 특히 B 자신을 제외한 B의 부분집합 A를 B의 **진부분집합**(proper subset)이라고 하고 '$A \subsetneq B$'로 나타낸다.

예제 2.1 $A=\{1,2,3\}$이라 하자. 이 집합 A는 전부 8개의 부분 집합 즉, $\varnothing$, $\{1\}$, $\{2\}$, $\{3\}$, $\{1,2\}$, $\{1,3\}$, $\{2,3\}$, 그리고 $\{1,2,3\}$을 가진다.

정리 2.1 ▌ 모든 집합 A, B에 대하여 다음이 성립한다.

(i) $A \subset A$

(ii) $A \subset B$, $B \subset C$ 이면, $A \subset C$

증명 (ii) $x \in A \Rightarrow x \in B$ $\quad (A \subset B)$

$\Rightarrow x \in C$ $\quad (B \subset C)$

우리는 일반적으로 원소를 전혀 가지지 않는 집합을 **공집합**(empty set)이라고 하고, {} 또는 ∅로 표시한다. 또한, 임의의 집합에 대해 대상의 모든 원소를 갖는 집합을 **전체집합**(Universal set)이라고 하고, U로 나타낸다.

정리 2.2 ▌ 모든 집합 A에 대하여 다음이 성립한다.

(i) $\varnothing \subset A$ (ii) $A \subset U$

증명 증명은 독자에게 남긴다.

집합은 그것의 원소에 의해 결정되므로, 두 집합 A와 B에 대해서 $A \subset B$와 $B \subset A$가 모두 성립한다면 두 집합은 같다고 할 수 있을 것이다. 이제 두 집합의 상등을 다음과 같이 정의한다.

정의 2.3 ▌ 두 집합 A와 B에 대해서, $A \subset B$이고 $B \subset A$ 일 때 A와 B는 **같다**(equal) 또는 **상등**이라 하며 '$A = B$'로 나타낸다. 즉, $(x \in A \Rightarrow x \in B) \wedge (x \in B \Rightarrow x \in A)$가 성립할 때이다.

정리 2.3 ▌ 집합 A, B, C에 대해 다음이 성립한다.

(i) $A = A$

(ii) $A=B \Leftrightarrow B=A$

(iii) $A=B \wedge B=C \Rightarrow A=C$

증명 (ii) $A=B$

$\Leftrightarrow (A \subset B) \wedge (B \subset A)$ (상등의 정의)

$\Leftrightarrow (x\in A \Rightarrow x\in B) \wedge (x\in B \Rightarrow x\in A)$ (부분집합 정의)

$\Leftrightarrow (x\in B \Rightarrow x\in A) \wedge (x\in A \Rightarrow x\in B)$ ($p\wedge q \Leftrightarrow q\wedge p$)

$\Leftrightarrow (B \subset A) \wedge (A \subset B)$ (부분집합 정의)

$\Leftrightarrow B=A$ (상등의 정의)

(i), (iii)의 증명은 독자에게 남긴다. □

집합의 연산

집합들 사이의 연산은 비록 개념적으로 전혀 다르지만 수들 사이의 통상적인 덧셈이나 곱셈과 유사하게 정의한다. 집합의 연산으로는 합집합, 교집합, 차집합, 여집합 등이 있다.

정의 2.4 ▍ 전체집합 U의 부분집합 A, B에 대하여 다음을 정의한다.

(1) **합집합**(union) : $A\cup B=\{x\in U \mid x\in A \vee x\in B\}$

(2) **교집합**(intersection) : $A\cap B=\{x\in U \mid x\in A \wedge x\in B\}$

(3) **차집합**(difference) : $A-B=\{x\in U \mid x\in A \wedge x\notin B\}$

(4) **여집합**(complement) : $A^c=\{x\in U \mid x\notin A\}$

한편, $A\cap B=\varnothing$일 때, 두 집합 A, B는 **서로소**(disjoint)이다. 또한 집합에서 정의된 연산들의 정의로부터 $A-B=A\cap B^c$ 가 성립한다는 것을 알 수 있다.

예제 2.2 전체집합 $U=\{1,2,3,4,5,6,7\}$과 그 부분집합 $A=\{x\in U|\ x$는 짝수$\}$, $B=\{x\in U|\ x$는 6의 약수$\}$ 일 때, 다음을 구하시오.

(1) $A\cup B$ (2) $A\cap B$

(3) $A-B$ (4) A^c

집합의 연산에서 가장 중요한 사실은 합집합, 교집합, 여집합 등의 연산을 할 경우 항등법칙, 멱등법칙, 교환법칙, 결합법칙, 분배법칙, 보법칙, 드모르간 법칙 등 여러 가지 대수적 법칙을 만족한다는 것이다. 이것은 **부울 대수**(Boolean Algebra)[4)]의 한 예이다.

정리 2.4 ▌ 전체집합 U의 부분집합 A, B, C에 대하여 다음의 성질이 성립한다.

(i) 항등법칙(Identity law) : $A\cap U=A,\ A\cup\varnothing=A,$
$A\cup U=U,\ A\cap\varnothing=\varnothing$

(ii) 멱등법칙(Idempotent law) : $A\cup A=A,\ A\cap A=A$

(iii) 결합법칙(Associative law) : $A\cup(B\cup C)=(A\cup B)\cup C,$
$A\cap(B\cap C)=(A\cap B)\cap C$

(iv) 교환법칙(Commutative law) : $A\cup B=B\cup A,\ A\cap B=B\cap A$

(v) 분배법칙(Distributive law) : $A\cup(B\cap C)=(A\cup B)\cap(A\cup C),$
$A\cap(B\cup C)=(A\cap B)\cup(A\cap C)$

(vi) 보법칙(Complement law) : $A\cup A^c=U,\ A\cap A^c=\varnothing,$
$(A^c)^c=A,\ U^c=\varnothing,\ \varnothing^c=U$

(vii) 드 모르간(De Morgan)의 법칙 : $(A\cup B)^c=A^c\cap B^c,$
$(A\cap B)^c=A^c\cup B^c$

---

4) 영국의 수학자 G. Boole(1815-1864)에 의해서 창시된 논리수학이다. 부울 대수는 1 또는 0의 값에 대해 논리 동작을 다루는 대수로 「A 또는 B이다」 라고 말한 인간의 표현을 기호(AND, OR, NOT 등의 논리연산자)를 사용하여 대수적으로 취급하도록 한 것이며, 이것을 응용하여 컴퓨터의 회로설계를 할 수 있다.

증명 (i) $x \in A \cap U \Leftrightarrow x \in A \wedge x \in U$ (교집합 정의)

$\Leftrightarrow x \in A$ ($p \wedge T \Leftrightarrow p$)

(v) $x \in A \cup (B \cap C) \Leftrightarrow x \in A \vee x \in (B \cap C)$ (합집합 정의)

$\Leftrightarrow x \in A \vee (x \in B \wedge x \in C)$ (교집합 정의)

$\Leftrightarrow (x \in A \vee x \in B) \wedge (x \in A \vee x \in C)$

($p \vee (q \wedge r) \Leftrightarrow (p \vee q) \wedge (p \vee r)$)

$\Leftrightarrow x \in (A \cup B) \wedge x \in (A \cup C)$ (합집합 정의)

$\Leftrightarrow x \in (A \cup B) \cap (A \cup C)$ (교집합 정의)

(vii) $x \in (A \cup B)^c \Leftrightarrow x \notin A \cup B$ (여집합 정의)

$\Leftrightarrow x \notin A \wedge x \notin B$ ($\sim(p \vee q) \Leftrightarrow \sim p \wedge \sim q$)

$\Leftrightarrow x \in A^c \wedge x \in B^c$ (여집합 정의)

$\Leftrightarrow x \in A^c \cap B^c$ (교집합 정의)

(ii), (iii), (iv), (vi)의 증명은 독자에게 남긴다. □

예제 2.3 집합의 대수법칙을 이용하여 다음의 성질을 증명하여라.

$$A \cap (A^c \cup B) = A \cap B$$

증명 $A \cap (A^c \cup B) = (A \cap A^c) \cup (A \cap B)$ (분배법칙)

$= \varnothing \cup (A \cap B)$ (보법칙)

$= A \cap B$ (항등법칙)

예제 2.4 $A - B = B^c - A^c$를 증명하여라.

증명 $A - B = A \cap B^c$ (정의 2.4)

$= B^c \cap A$ (교환법칙)

$= B^c \cap (A^c)^c$ (보법칙)

$= B^c - A^c$ (차집합 정의)

예제 2.5 $(A \cap B) \cup (B - A) = B$가 됨을 증명하여라.

증명 증명은 독자에게 남긴다.

학교수학

Ⅰ. 여러 가지 도형 분류하기

(1) 다각형 분류하기 (초등 6)

활동 2 다각형을 보고 문제를 만들어 보시오.

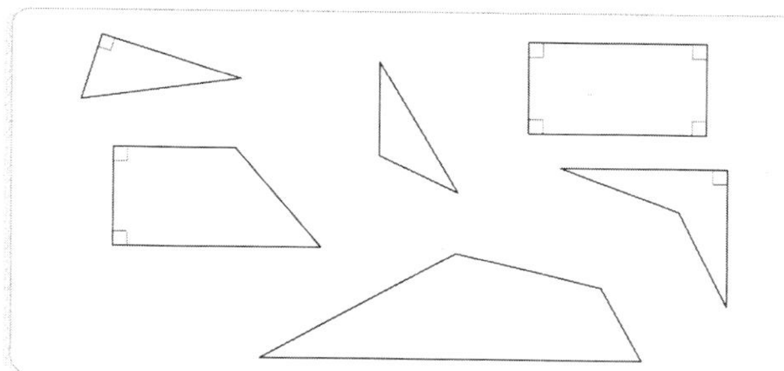

- 다각형을 분류하는 문제를 만들어 보시오.

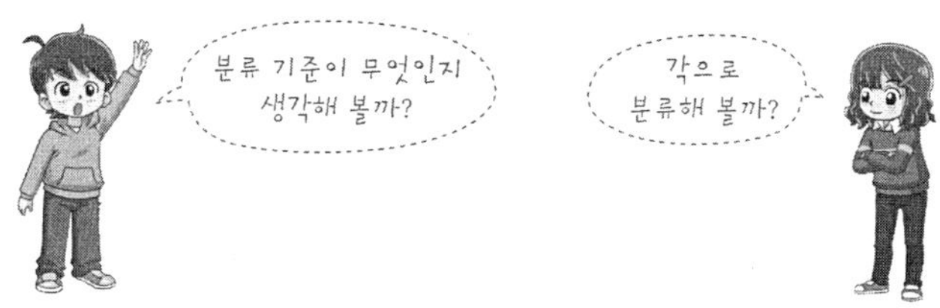

(2) 입체도형 분류하기 (초등 6)

활동 1 물건들의 모양을 분류해 보시오.

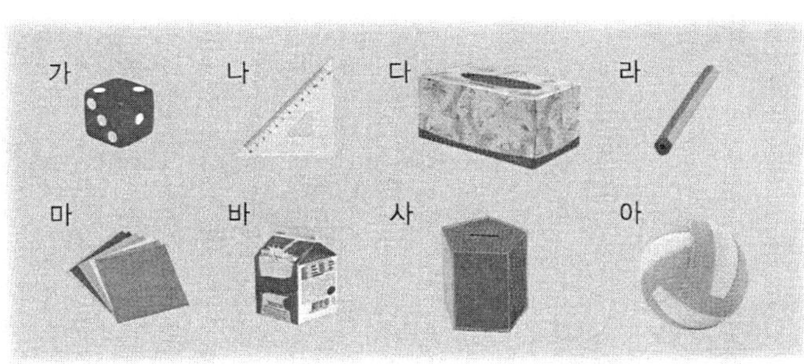

- 위의 물건들의 모양을 2가지로 분류하려고 합니다. 분류 기준을 정하고 분류해 보시오.

II. 여러 가지 수 분류하기

(1) **분수 분류하기** (초등 3) - 진분수, 가분수, 대분수 등

마무리

알맞은 분수를 찾아보시오.

- 진분수를 모두 찾아 ◯표 하시오.

$\frac{1}{2}$ $\frac{3}{4}$ $\frac{7}{6}$ $\frac{3}{3}$ $\frac{1}{5}$ $\frac{3}{6}$ $\frac{2}{3}$

- 가분수를 모두 찾아 ◯표 하시오.

$\frac{3}{10}$ $\frac{7}{3}$ $\frac{4}{5}$ $\frac{11}{11}$ $\frac{4}{3}$ $\frac{5}{9}$ $\frac{8}{7}$

(2) **약수 및 배수 분류하기** (초등 5)

1 지우개가 18개 있습니다. 똑같이 나누어 가질 수 있는 사람 수를 모두 찾아 ◯표 하시오.

2명	3명	4명	5명	6명	7명	8명	9명
10명	11명	12명	13명	14명	15명	16명	17명

2 14보다 크고 33보다 작은 4의 배수를 모두 찾아 ◯표 하시오.

20 14 36 12 24 33 26 28

연습문제

1. 집합의 대수법칙을 이용하여 다음을 증명하시오.
   (1) $A \cap C = \varnothing$이면, $A \cap (B \cup C) = A \cap B$ 이다.
   (2) $A \cap B = \varnothing$이면, $A - B = A$ 이다.
   (3) $A \cap B = \varnothing$ 이고 $A \cup B = C$ 이면, $A = C - B$ 이다.

2. 임의의 집합 A, B, C, D에 대하여 $A \subset B$, $C \subset D$ 일 경우 다음을 증명하시오.
   (1) $(A \cup C) \subset (B \cup D)$
   (2) $(A \cap C) \subset (B \cap D)$

3. $A = B$이면 $B^c = A^c$을 증명하시오.

4. 임의의 집합 A, B, C에 대하여 다음을 증명하시오.
   (1) $A \cap (B - C) = (A \cap B) - C$
   (2) $(A \cup B) - C = (A - C) \cup (B - C)$
   (3) $A - (B \cap C) = (A - B) \cup (A - C)$
   (4) $A - (B - C) = (A - B) \cup (A - C)$
   (5) $A \cap (B - C) = (A \cap B) - (A - C^c)$

5. 임의의 집합 A, B에 대하여 연산 ◎을 아래와 같이 정의할 때, 다음의 성질을 증명하시오.

$$A \circledcirc B = (A - B) \cup (B - A)$$

   (1) $A \circledcirc B = B \circledcirc A$
   (2) $A \circledcirc (B \circledcirc C) = (A \circledcirc B) \circledcirc C$
   (3) $A \cap (B \circledcirc C) = (A \cap B) \circledcirc (A \cap C)$

6. 초등수학에 나오는 개방형 문제를 활용한 창의성 검사 문항이다. 다음을 물음에 답하시오

(1) 다음 그림은 여러 가지 도형을 나타낸 것입니다. 도형의 특징을 5가지 이상 찾아서 분류해 보세요.

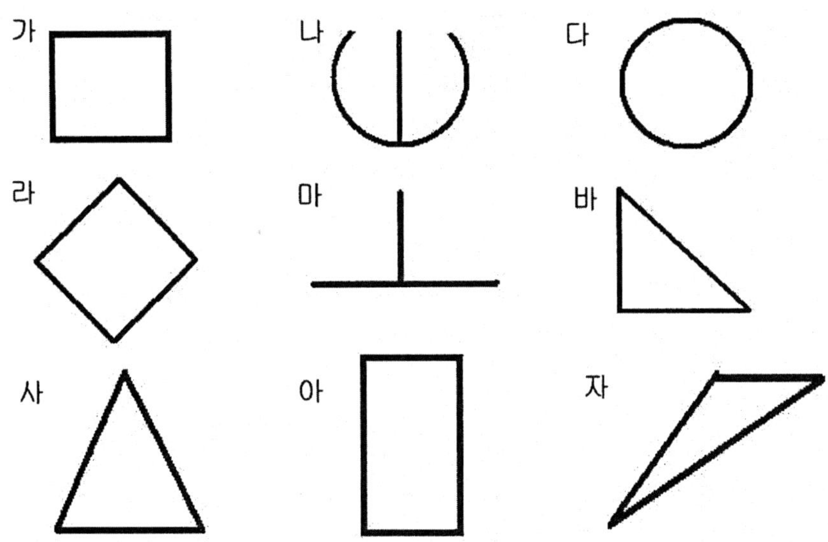

(풀이)

특징 \ 도형	가	나	다	라	마	바	사	아	자
90°각을 가짐	○			○	○	○		○	

(2) 아래 <보기>에 제시된 여러 가지 분수들을 각자 적당한 기준을 정하여 여러 가지 방법으로 분류해 보시오. 그리고 분류할 수 있는 기준을 가능한 많이 찾아보시오.

<보기>

$\frac{1}{2}$ $\frac{2}{3}$ $1\frac{2}{4}$ $\frac{6}{2}$ $\frac{4}{3}$ $\frac{5}{5}$ $\frac{4}{8}$ $\frac{3}{2}$ $1\frac{3}{9}$ $\frac{4}{6}$

$3\frac{4}{5}$ $\frac{3}{3}$ $\frac{16}{5}$ $\frac{8}{6}$ $\frac{2}{4}$ $2\frac{1}{7}$ $1\frac{4}{8}$ $\frac{6}{9}$ $\frac{6}{3}$ $\frac{2}{2}$

(풀이)

분류 기준	포함되는 분수
진분수인 것	$\frac{1}{2}, \frac{2}{3}, \frac{4}{8}, \frac{4}{6}, \frac{2}{4}, \frac{6}{9}$

읽을거리

러셀의 역설(Russell paradox)

버트런드 러셀
(B. Russell,
1872–1970)5)

집합론의 '역설(paradox)'는 두 가지로 나누어진다. 하나는 '논리적 역설'이며 또 하나는 '의미론적 역설'이다. 본질적으로 논리적 역설은 잘못된 논리에서 비롯되는 것이며, 의미론적 역설은 언어의 잘못된 쓰임에서 비롯된다. 여기에서는 논리적 역설 중 가장 단순한 것으로 알려져 있는 러셀의 역설에 대해 알아보자. 그것은 다음과 같다.

A가 집합이며 그 원소들은 집합이다. 이러한 경우는 수학에서 자주 볼 수 있다. 예를 든다면, A가 직선의 집합이라 하자. 그런데 직선은 점의 집합으로 생각된다. 그와 같이 집합을 넓게 받아들이면 A자신도 A의 원소가 되어 있을 경우가 있다. 예를 들면, 모든 집합의 집합은 바로 그와 같은 성질을 가지는 경우이다.

S는 자신이 자신의 원소가 되어 있지 않는 모든 집합들의 집합이라고 하자. 그러면, S는 자신의 원소가 될 수 있을까?

가령 S가 S의 원소라 하면 S의 정의에 따라 S는 S의 원소가 아니다. 만일 S가 S의 원소가 아니라면 S의 정의에 따라 S는 S의 원소이다. 즉, S는 S의 원소가 아닐 경우, 그리고 그러한 경우에만 S는 S의 원소이다. 이는 가장 기초적인 모순인 것이다.

보통 수학에 있어 우리는 이런 모순에 도달할 경우 우리의 가정 중 어느 하나가 잘못되어 있다고 결론을 내리지 않을 수 없게 된다. 이 경우에 있어서는 '집합이 자신의 원소가 되어 있다고 주장하는 것이 무의미하다'든가, 또는 '자신의 원소가 되어 있지 않는 집합 전체의 집합이란 것이 존재하지 않는다'하는 결론을 내릴 수 밖에는 없게 된다. 이와 관련하여 1918년 러셀 자신이 '모든 집합의 집합'의 모순성에 대한 관심을 유도하기 위하여 만든 예를 살펴보겠다.

우리 마을에는 이발사가 한 명 있다. 이 이발사는 스스로 면도하지 않는 사람들만 면도해 주겠다는 원칙을 선언했다. 이발사는 스스로 면도하는가?

---

5) 그림 출처 : https://ko.wikipedia.org/wiki/버트런드_러셀

만일 이발사가 스스로 면도를 한다면 자신의 원칙에 따르지 않는 것이 되고, 그가 스스로 면도를 하지 않는다면 그는 자신의 원칙에 따라서 면도해야 한다. 두 가지 중 어느 경우에도 모순에 이른다.

러셀의 역설로 인하여 칸토어(Cantor)의 집합론에 있어서 제일 큰 모순이 가장 기초적인 집합의 정의 속에 있다는 것이 드러나게 되었다. 집합론 안에 모순이 있다는 것이 지적되었으므로 이 약점을 보완하기 위하여 집합과 '집합의 집합'을 같이 다루지 못하게 하는 계형이론이라든지, 아예 집합을 무정의 용어로 하는 공리적 집합론 등이 등장하게 되었다.

체르멜로(E. Zermelo) - 프렝켈(A. Fraenkel) 집합론(ZFC 공리계)

수학에서 논리를 전개하기에 앞서 먼저 별도로 정의하지 않는 대상(무정의 용어)들과 그 대상들 사이에 성립하는 기본관계(공리)를 설정한다. 이렇게 구성하는 체계를 공리계라고 한다. 체르멜로-프렝켈 집합론은 1차 술어논리학(이항관계 '∈'만 가짐)을 기반으로 하는 1차 이론이며, 어떤 것이 집합이며 집합이 어떻게 구성되는지를 공리로써 설명하는 공리적 집합론이다. 20세기 초에 러셀의 역설 이후 기존에 있던 집합론의 모순성이 발견되고, '모든 것의 집합' 등은 있을 수 없다는 것이 밝혀졌다. 따라서 어떤 것이 집합이 되는지를 명확히 구분해야할 필요가 생겼고, 이러한 배경 속에서 탄생한 것이 체르멜로(1871-1953) 공리계이다. 그 이후에 프렝켈(1891-1965)이 정칙성 공리와 치환 공리꼴을 추가하여 제시하였는데 이 공리계를 두 수학자의 이름을 따서 ZF 공리계라고 하며, 이에 선택공리(Axiom of choice)를 추가한 것이 ZFC 공리계이다. 이 ZFC 공리계의 논의 영역에 포함되는 모든 수학적 대상은 집합이며, 공리들을 만족하는 것만이 집합이 될 수 있다. 즉, 임의로 어떤 것을 정의한다고 모두 집합이 되는 것이 아니다. 예를 들어 '모든 순서수의 집합' 같은 것도 너무 크기 때문에 존재할 수 없다. 이 공리들로부터 자연수, 정수, 유리수, 실수 등 수체계가 적절하게 정의되는 것을 비롯하여 수학의 거의 모든 이론이 구성될 수 있기 때문에 현대 수학의 표준적인 공리계로 사용된다.

ZFC 공리계를 구체적으로 살펴보면, 다음과 같다.

ZF1. **확장 공리**(Axiom of Extensionality)

두 집합에 대하여 한 집합의 원소가 다른 집합의 원소가 되고 그 역도 성립할 때, 두 집합은 서로 같다(equal).

ZF2. **정칙성 공리 / 기초 공리**(Axiom of Regularity / Axiom of Foundation)

공집합이 아닌 모든 집합은 자기 자신과 서로소(disjoint)인 것만을 원소로 가진다.[6)]

ZF3. **분류 공리꼴**[7)](Axiom scheme of Specification)

임의의 집합에 대하여 그 집합에 포함되며 특정 성질 p(x)를 만족하는 원소들의 집합이 존재한다.

ZF4. **짝의 공리**(Axiom of Paring)

임의의 두 집합 A, B에 대해 그 두 집합을 원소로 갖는 집합 {A, B}가 존재한다.

ZF5. **합집합 공리**(Axiom of Union)

임의의 집합족이 있고 그 집합족에 속한 각각의 모든 집합들의 원소들을 원소로 가지는 집합이 존재한다.

ZF6. **치환 공리꼴**(Axiom schema of replacement)

임의의 집합 A와 그 집합을 정의역으로 하는 정의 가능한 함수 F가 주어질 때, F의 치역 F(A)를 포함하는 집합이 존재한다.

ZF7. **무한 공리**(Axiom of infinity)

공집합을 원소로 가지고, $y \in X$ 이면 $y \cup \{y\} \in X$를 만족하는 집합 X가 존재한다.

ZF8. **멱집합 공리**(Axiom of Power set)

임의의 집합에 대해 그 집합의 부분집합들을 원소로 가지는 집합이 존재한다.

ZF9. **선택 공리**(Axiom of Choice)

공집합을 포함하지 않는 임의의 집합에 대해 그 집합의 원소들로부터 원소를 하나씩 고를 수 있다.

---

6) 정칙성 공리란 임의의 집합은 자기 자신을 원소로 가질 수 없다는 제한 조건으로, 이 공리에 의해 러셀의 역설이 발생하는 것을 방지할 수 있다.

7) 공리(Axiom)가 아니라 공리꼴(Axiom of schema)인 이유는 서로 다른 성질 p(x)마다 공리가 다르다고 할 수 있기 때문이다. 예를 들면, 자연수 집합($\mathbb{N}$)의 부분집합인 짝수집합을 {x | x는 짝수} 또는 $\{2x \mid x \in \mathbb{N}\}$로 정의할 수 있다.

Chapter 3

관계

생각열기

☞ 동치(equivalence)와 상등(equal)은 같은 의미일까요?

$\frac{1}{2}$과 동치(크기가 같은) 분수는 $\frac{2}{4}$, $\frac{3}{6}$, $\frac{4}{8}$, … 등이다. 그러므로 동치와 상등은 같은 의미이다.

☞ $\frac{1}{2}$와 $\frac{2}{4}$는 동치분수인 이유는 무엇일까요?

우리는 일상생활에서 주위사람들과 서로 연결되어 얽혀 지내면서 생활한다. 관계는 하나의 객체를 다른 객체와 연결시키는 역할을 하며, 둘 또는 여러 대상이 서로 연결되어 얽혀 있는 것을 말한다. 일상생활뿐만 아니라 수학에서 관계(relation)는 수학의 가장 기본적인 개념이다. 보기를 들면, 일상생활에서는 '~은 ~와 친구이다', '~는 ~를 존경한다'와 같은 관계를 이야기하고 있으며, 수학의 기하학에서 '~와 ~는 합동이다', 산술에서는 '~는 ~보다 크다' 등의 관계에 우리는 관심을 두고 있다. 이 장에서는 관계에 대한 개념을 형식화하고 관계를 표현하는 방법을 다룬다. 또한 관계에 대한 여러 가지 기본적인 성질들과 몇 가지 중요한 관계를 살펴본다.

관계(relation)

일상생활에서 사용하는 관계와 수학에서 사용하는 모든 관계들을 수학적으로 정의해 보자. 예를 들어 '전자과의 효경이와 간호과의 가민이는 친구이다'의 문장에서 수학적 관계를 정의하기 위해 관계에 들어가는 집합을 고려하면 아래 정의와 같은 곱집합의 원소로 정의할 수 있다.

정의 3.1 ▌ 집합 A, B의 원소 $a \in A$, $b \in B$에 대하여 차례가 정해진 쌍 (a,b)은 **순서쌍**(ordered pair)이라 하며, 순서쌍들의 집합을 **곱집합**(product set) 또는 **카테시안 곱**(Cartesian product, 데카르트 곱)이라고 하고 기호로는 $A \times B$로 나타낸다. 즉,

$$A \times B = \{(a,b) \mid a \in A \wedge b \in B\}$$

두 순서쌍 (a,b)와 (c,d)는 $a=c$, $b=d$일 때에만 서로 **같다**(equal)고 하고 기호 $(a,b)=(c,d)$로 나타낸다. 즉,

$$(a,b)=(c,d) \Leftrightarrow a=c \wedge b=d$$

예제 3.1 자연수($\mathbb{N}$)의 집합에서 '2는 8의 약수이다'라는 관계를 살펴보자. 2는 자연수이고, 8도 자연수이다. 따라는 순서쌍 (2,8)은 $\mathbb{N} \times \mathbb{N}$의 원소이면서 약수의 관계를 가지고 있다.

곱집합에 대한 간단한 성질은 아래와 같다.

정리 3.1 ▌ 집합 A, B, C에 대하여

(i) $A \times (B \cap C) = (A \times B) \cap (A \times C)$

(ii) $A \times (B \cup C) = (A \times B) \cup (A \times C)$

(iii) $(A \times B) \cap (C \times D) = (A \cap C) \times (B \cap D)$

증명 증명은 독자에게 남긴다.

곱집합이 정의되면 집합의 두 원소들로 구성된 임의의 순서쌍 (x,y)을 연결시켜 줄 무엇이 필요하다. 예를 들면, 'x는 y를 나눈다', 'x는 y와 합동이다'에 대해 각각 p(x,y)와 q(x,y)로 표시할 수 있다. 이를 **명제함수**(propositional function)이라 한다. 이는 직

관적으로, 집합 A와 B의 원소들로 구성된 임의의 순서쌍에 대해 참 또는 거짓인 명제를 뜻한다.

두 집합 A, B의 순서쌍 (a,b)와 명제함수 p(x,y)에 대해, 만약 p(a,b)가 참이면 '두 원소 a와 b는 **관계가 있다**'라고 하고 'aRb'로 표시한다. 만약 p(a,b)가 거짓이면 '두 원소 a와 b는 **관계가 없다**'라고 하고 '$a \not R b$'로 표시한다. 집합 A, B에서 어떤 관계의 **표현그래프**란 p(x,y)가 참인 모든 순서쌍(x,y)으로 이루어지는 어떤 그래프 $G \subset A \times B$이다. 역으로, 임의의 그래프 $G \subset A \times B$가 주어지면 G는 A에서 B로의 관계 R를 결정한다. 즉, p(x,y)가 참이면 $(x,y) \in G$이며, $(x,y) \in G$이면 p(x,y)는 참이다.

> 정의 3.2 ▌ 집합 A, B에 대하여, $A \times B$의 임의의 부분집합을 A에서 B로의 **관계**(relation)라고 한다. 즉, 관계 $R \subset A \times B$이다.

특히 관계 $R \subset A \times A$인 경우 R을 A에서의 관계라고 한다.

예제 3.2 집합 $A = \{1,2,3,4\}$에 대하여 명제함수 p(x,y)를 '$x \times y$는 홀수이다'라고 하자. 관계가 있는 집합의 원소를 찾고 표현그래프를 그려보시오.

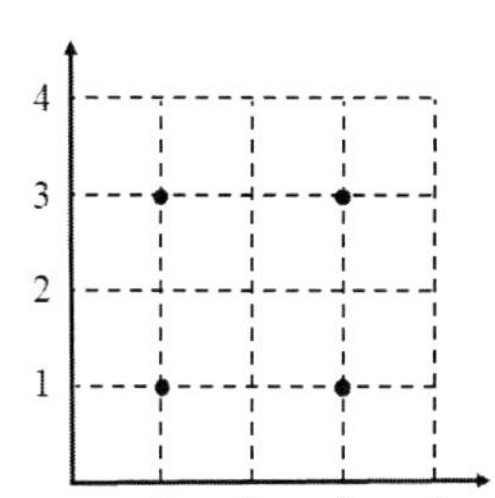

여러 가지 관계

관계는 항상 특별한 용어와 관련되어 사용되지만 여기에서는 주어진 관계에 대한 일반적인 성질인 **반사관계**, **대칭관계**, **반대칭관계**, **추이관계**, **동치관계**, **순서관계**에 대해 알아보고자 한다. 먼저 집합 A의 각 원소 a에 대해서 자기 자신과 관계가 있는 aRa이면 **항등관계**(identity relation)이라고 부르고 I_A로 나타낸다. 그리고 aRb에 대해 만약 bRa이면 **역관계**(inverse relation)이라 하고 R^{-1}로 나타낸다.

정의 3.3 ▎ 집합 A에 대하여 관계 R이 주어져 있을 때,

(1) $\forall x \in A$, $(x,x) \in R$이면, R를 **반사관계**(reflexive relation)라 한다.

(2) $(x,y) \in R \Rightarrow (y,x) \in R$ 일 때, R를 **대칭관계**(symmetric relation)라 한다.

(3) $(x,y) \in R$ 이고 $(y,x) \in R \Rightarrow x=y$가 성립할 때, R를 **반대칭관계**(anti-symmetric relation)라 한다.

(4) $(x,y) \in R$ 이고 $(y,z) \in R \Rightarrow (x,z) \in R$ 일 때 R를 **추이관계**(transitive relation)이라 한다.

주어진 이항관계 R이 반사관계란 원소의 집합 A의 각 원소 a에 대해 aRa 성립하는 경우를 말한다. 예를 들어, 정수의 집합($\mathbb{Z}$)에서 '$p(x,y)$: $x=y$'는 모든 정수 a에 대해 $a=a$이므로 반사관계를 만족한다.

정리 3.5 ▎ 집합 A에서 관계 R이 반사관계일 필요충분조건은 $I_A \subset R$

증명 증명은 독자에게 남긴다.

집합 A의 원소 a와 b에 대해 aRb일 때마다 bRa가 성립하면, 이가 관계 R는 A 위에서 **대칭관계**이라 한다. 예를 들어, 정수의 집합($\mathbb{Z}$)에서 '$p(x,y)$: $x=y$'는 대칭관계를 만족한다. 왜냐하면 두 수 a와 b에 대해 $a=b$이면 $b=a$이기 때문이다.

정리 3.6 ▎ 집합 A에서 관계 R이 대칭관계일 필요충분조건은 $R=R^{-1}$ 이다.

증명 R이 대칭관계라고 하자. 그러면 $(x,y) \in R \Leftrightarrow (y,x) \in R \Leftrightarrow (x,y) \in R^{-1}$이므로, $R=R^{-1}$이다. 역으로 $R=R^{-1}$이라고 가정하면, $(x,y) \in R \Leftrightarrow (x,y) \in R^{-1} \Leftrightarrow (y,x) \in R$이므로, R이 대칭관계이다.

반대칭관계에 대한 성질은 다음과 같다.

> **정리 3.7 ▌** 집합 A에서 관계 R이 반대칭관계일 필요충분조건은 $R \cap R^{-1} \subset I_A$이다.

증명 증명은 독자에게 남긴다.

집합 A의 원소 a, b, c에 대해 aRb이고 bRc일 때마다 aRc가 성립하면, 이항관계 R는 A위에서 **추이관계**이라 한다. 예를 들어, 정수의 집합(ℤ)에서 'p(x,y) : x=y'는 추이관계를 만족한다. 왜냐하면 세 수 a, b, c에 대해 a=b이고 b=c이면 a=c이기 때문이다. 또한 'p(x,y) : x>y' 역시 a>b이고 b>c이면 a>c이므로 추이관계를 만족한다. 집합의 경우 '…은 …을 포함하다' 즉, 'A⊂B' 또한 추이관계를 만족한다.

마지막으로 세 명제 p, q, r에 대해서 p는 q를 함의하고 q는 r를 함의하면, p는 r를 함의한다. 집합의 포함 관계는 삼단논법을 구성하는 데 기본적이며, 명제의 함의 관계는 논증의 연역적 사실을 증명하는데 기본적이다. 이 두 관계가 모두 추이적이기 때문에, 추이성 구조는 연역적 추론의 원동력이라 말하는 것도 결코 과장이 아니다. 또한 이와 같은 추이성은 소거를 가능하게 한다. 즉 aRb이고 bRc이면 b를 소거해서 aRc라 주장할 수 있다.

동치관계

이항관계 중에서 수학에서 가장 중요한 것이 동치관계(equivalence relation)이다. 동치관계의 정의는 아래와 같다.

> **정의 3.8 ▌** 집합 A에서 정의된 관계 R이 반사관계, 대칭관계, 추이관계를 만족하면, R를 **동치관계**(equivalence relation)이라 한다. 이때 (a,b)∈R이면, a와 b는 동치(equivalence)라고 하고, a≡b로 나타낸다.

동치관계의 보기는 앞에서 언급한 정수의 집합에서 'x=y'는 반사, 대칭 그리고 추이관계를 모두 만족하므로 동치관계가 된다. 그밖에 모든 삼각형의 집합에서 'x와 y는 닮음이다', 'x와 y는 합동이다' 등은 동치관계가 된다.

동치 관계의 개념은, 이번 장의 앞 절에서 이미 자주 사용된 동일하다는 의미에서 고려되었던 상등관계의 일반화이다.

예제 3.3 집합 $A=\{1,2,3,4\}$일 때 $R=\{(1,1), (1,4), (4,1), (4,4), (2,2), (2,3), (3,2), (3,3)\}$이 A에서 동치관계임을 보이시오.

예제 3.4 A를 양의 정수 전체의 집합이라 하고, 'aRb'는 'a는 b와 3의 배수만큼 차이가 난다'를 의미한다고 하자. 즉, $R=\{(a, b) \mid a-b$는 3으로 나누어진다$\}$. 여기에서 0은 3의 배수라는 사실을 상기하면, 관계 R이 동치관계가 됨을 쉽게 보일 수 있다.

(1) 임의의 $a \in A$에 대해서 $a-a$가 3으로 나누어진다. 그러므로 $(a,a) \in R$이고 R은 반사적이다.

(2) 임의의 $a, b \in A$에 대해서 $a-b$가 3으로 나누어지면 $b-a$도 3으로 나누어진다. 그러므로 $(a,b) \in R \Rightarrow (b,a) \in R$이고 R은 대칭적이다.

(3) 임의의 $a, b, c \in A$에 대해서 $(a,b) \in R$이고 $(b,c) \in R$이면 $a-b$, $b-c$ 모두 3으로 나누어지고 $a-c=(a-b)+(b-c)$ 역시 3으로 나누어지므로 $(a,c) \in R$이고 R은 추이적이다.

다음은 집합 A위의 동치관계는 A의 원소를 몇 개의 무리, 즉 동치류로 분리한다. 동치류에 관한 정의는 다음과 같다.

정의 3.9 ▌ 집합 A에서 R이 동치관계일 때, 임의의 x∈A에 대해 집합 $\overline{x}=\{y\in A \mid (x,y)\in R\}$로 주어지는 집합을 x∈A에 관한 R에 의해 만들어지는 **동치류** (equivalence class)라 한다.

앞의 정의에 따라 집합 A의 어떤 특별한 원소 a와 동치인 모든 원소는 같은 동치류에 속하며, 그 동치류에 속하지 않는 A의 다른 특별한 원소 b와 동치인 모든 원소는 둘째 동치류에 속한다. 이와 같이 계속된다. 이와 같은 과정은 A를 서로 겹치지 않는 동치류로 유일하게 분리한다는 사실을 밝힐 수 있다. 집합 A를 서로 겹치지 않게 분리하는 동치류들을 **동치관계 R에 대응하는 A의 분할**이라 부른다.

예제 3.5 A를 양의 정수 전체의 집합이라 하고 'aRb'는 'a는 b와 3의 배수만큼 차이가 난다'라고 하자. 3의 배수만큼 차이가 나는 양의 정수의 모든 쌍을 같은 동치류에 넣어 양의 정수를 동치류로 분리하면, $\overline{1}=\{1, 4, 7, \cdots\}$, $\overline{2}=\{2, 5, 8, \cdots\}$, $\overline{3}=\{3, 6, 9, \cdots\}$로 서로 겹치지 않는 유일한 세 동치류를 얻는다.

A의 원소 x에 대해 생성되는 동치류는 x/R로도 표기하며 그 성질은 다음과 같다.

정리 3.10 ▌ R이 집합 A에서의 동치 관계일 때, 다음 성질이 만족한다.

(i) 모든 $x\in A$에 대해, $x\in\overline{x}$,

(ii) $(x, y)\in R \Leftrightarrow \overline{x}=\overline{y}$

(iii) $(x, y)\notin R \Leftrightarrow \overline{x}\cap\overline{y}=\varnothing$

증명 (ii) (⇒) 동치관계의 정의에 의하여,

$z\in\overline{x} \Leftrightarrow (x, z)\in R$이고 $(x, y)\in R$

$\Leftrightarrow (x, z) \in R$이고 $(y, x) \in R$

$\Leftrightarrow (y, x) \in R$이고 $(x, z) \in R$

$\Leftrightarrow (y, z) \in R$

$\Leftrightarrow z \in \overline{y}$

($\Leftarrow$) $y \in \overline{y}$이므로 $y \in \overline{x}$이다. 그러므로 $(x, y) \in R$

(ⅰ), (ⅲ) 증명은 독자에게 남긴다.

위에서 살펴본 바에 의하면 임의의 원소 y∈A에 의해 만들어지는 동치류 $\overline{y}$는 y∈$\overline{x}$을 만족하는 x∈A에 의해 만들어지는 동치류와 일치한다. 그렇지 않다면 x의 동치류와 y의 동치류의 교집합은 공집합이다. 또한, A의 각 원소들에 의해 만들어지는 동치류는 공집합이 아니다. 그러므로 A의 원소들에 의해 만들어지는 A의 동치류는 A를 커버하고 그들의 합집합은 집합 A이다. 임의의 두 원소에 의해 만들어지는 두 동치류는 일치하거나 교집합이 공집합이므로 A의 원소들에 의해 만들어지는 동치류들을 A의 분할이라고 정의할 수 있다. A의 원소들의 R-동치류는 유일하므로 이러한 분할도 유일하다.

원소 x∈A에 의해 생성되는 R-동치류를 $\overline{x}$ 또는 x/R로 표기하는 것처럼 동치류군을 A/R로 나타내며 A modulo R 또는 간단히 A mod R 로 표기할 수 있다.

정의 3.11 R이 집합 A에서의 동치 관계라 하자. 이 때, $A/R = \{\overline{x} \mid x \in A\}$를 R에 의한 A의 **상집합**(quotient set)이라 한다.

예제 3.6 예제 3.5의 관계 R에 대한 상집합 $A/R = \{\overline{0}, \overline{1}, \overline{2}\}$가 된다.

순서관계

다음은 앞에서 다룬 관계들이 원소들의 순서(또는 대소)를 결정짓는 역할을 한다는 것을 알 수 있다.

> 정의 3.12 ▌ 집합 A에서 관계 R이 반사, 반대칭, 추이관계이면 R를 **반순서관계**(partial order relation)라고 한다. 이때 집합 A를 **반순서집합**(partially ordered set)이라 한다.

반순서 집합 A에서 $(x,y) \in R$에 대해 x를 아래에 y를 위에 쓰고 화살표로 연결할 수 있다. 이때 A의 모든 원소를 이와 같은 방법으로 화살표로 연결한 그림을 **선도**(line diagram)라 한다.

예제 3.7 집합 $A=\{1,2,3,4,5\}$에서의 관계 R를 $R=\{(1,1), (1,2), (2,2), (3,1), (3,2), (3,3), (4,1), (4,2), (4,4), (5,1), (5,2), (5,3), (5,4), (5,5)\}$라 하면 R은 반순서관계이다. 이를 선도(line diagram)로 나타내면 오른쪽 그림과 같이 나타낼 수 있다.

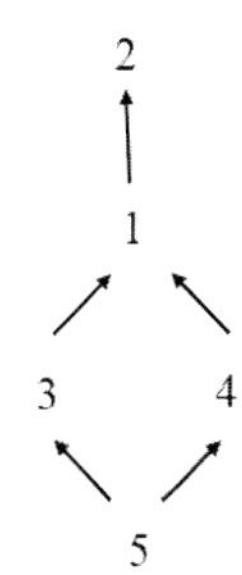

> 정의 3.14 ▌ 집합 A에서 반순서관계 R이 임의의 두 원소 $a, b \in A$에 대하여 비교 가능 할 때, R를 **전순서관계**(total order relation)이라 한다. 이때 집합 A를 **전순서집합**(totally ordered set)이라 한다.

예제 3.8 자연수의 집합 $\mathbb{N}$에서 대소 관계 $R=\{(a, b) \in \mathbb{N} \times \mathbb{N} \mid a \leq b\}$는 전순서관계이고, 자연수 집합 $\mathbb{N}$은 전순서집합이다.

학교수학

1. 여러 가지 관계 살펴보기

(1) 비교하기 (초등 1)

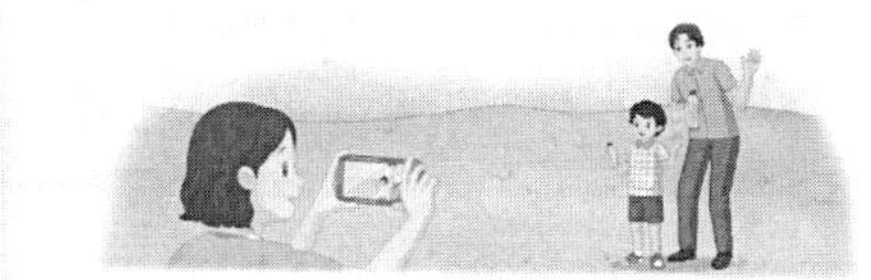

5 알맞은 말에 ○표 하세요.

- 준기의 바지는 선생님의 바지보다 더 (깁니다 , 짧습니다).
- 준기는 선생님보다 더 (무겁습니다 , 가볍습니다).
- 선생님의 손바닥은 준기의 손바닥보다 더 (넓습니다 , 좁습니다).
- 선생님의 물통은 준기의 물통보다 담을 수 있는 양이 더 (많습니다 , 적습니다).

1 철인 3종 경기와 마라톤 경기의 거리를 비교해 봅시다.

(2) 수학적 개념의 관계 비교 (초등 5)

활동 2 12를 여러 수의 곱으로 나타내어 약수와 배수의 관계를 알아보시오.

- 12를 여러 수의 곱으로 나타내어 보시오.

$$12=1\times12 \qquad 12=\square\times3$$
$$=2\times6 \qquad =\square\times\square\times3$$
$$=2\times2\times3$$

- 곱셈식을 이용하여 12는 어떤 수의 배수인지 모두 찾아 써 보시오.
- 곱셈식을 이용하여 12의 약수를 모두 찾아 써 보시오.
- 12를 여러 수의 곱으로 나타낸 곱셈식을 이용하여 약수와 배수의 관계에 대하여 이야기해 보시오.

마무리 24를 여러 수의 곱으로 나타내어 보고, 약수와 배수의 관계를 이야기해 보시오.

(약수와 배수의 관계)

크기가 같은 분수를 알 수 있어요

익힘책 41~42쪽

생각 열기 크기가 같은 대나무 통에 태준이는 $\frac{1}{4}$만큼, 주영이는 $\frac{2}{8}$만큼 물을 모았습니다. 누가 물을 더 많이 모았는지 알아봅시다.

활동 1 $\frac{1}{4}$과 $\frac{2}{8}$의 크기를 비교해 보시오.

- 두 분수의 크기를 비교하기 위하여 어떤 방법을 사용해야 좋을지 생각해 보시오.
- 분수만큼 색칠하시오.

- $\frac{1}{4}$과 $\frac{2}{8}$의 크기를 투명 종이를 사용하여 비교해 보시오. 준비물 3쪽

(동치 분수)

(3) **수의 크기 관계 비교** (초등 2, 4)

어느 수가 더 큰지 비교해 봅시다.

	천의 자리	백의 자리	십의 자리	일의 자리
7312	7	3	1	2
7298	7	□	□	8

• 두 수의 크기를 비교하여 ○ 안에 > 또는 <를 알맞게 써넣으세요.

• 어떻게 비교했는지 말해 보세요.

(네 자리수의 크기 비교)

두 소수의 크기를 비교하는 방법을 알아봅시다.

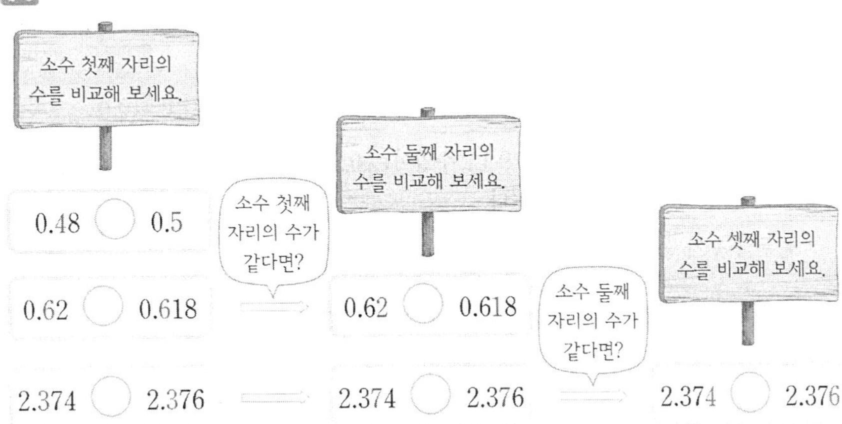

(소수의 크기 비교)

연습문제

1. 집합 $A = \{1, 2, 3, 4\}$와 $B = \{1, 3, 5\}$에 대해 관계 R은 'x 는 y 보다 작다'로 정의된 A에서 B로의 관계이다. 관계 R을 순서쌍의 집합으로 나타내고, $A \times B$에서 관계 R을 좌표 diagram상에 나타내시오.

2. 다음의 각 명제함수 $p(x, y)$ 는 자연수의 집합 $\mathbb{N}$에서의 어떤 관계 R을 정의하고 있다. 각 관계가 반사관계, 대칭관계, 반대칭관계, 추이관계를 만족하는지 조사해보시오.
   (1) $p(x, y)$: x 는 y 보다 크거나 같다.
   (2) $p(x, y)$: $x \times y$ 는 홀수이다.
   (3) $p(x, y)$: $x + 2y = 10$
   (4) $p(x, y)$: $x + y \geq 2$
   (5) $p(x, y)$: x 와 y 는 서로소이다.
   (6) $p(x, y)$: $y = x + 1$

3. 집합 A에서의 관계 R과 그 역관계 R^{-1}가 모두 대칭관계를 만족하면 $R \cap R^{-1}$도 A에서의 대칭관계임을 보이시오.

4. 집합 A에서의 관계 R이 대칭적이고 추이적 관계이면 필연적으로 반사적 관계라는 다음 증명에서 잘못된 부분을 찾아 그 이유를 설명해보시오.

   (증명) 관계 R 대칭성에 의하여 aRb는 bRa를 함의한다. 그리고 추이성에 의해 aRb와 bRa는 aRa를 함의하므로 관계 R은 반사적이라 할 수 있다.

5. 다음의 각 명제함수 $p(x, y)$ 는 자연수의 집합 $\mathbb{N}$에서의 어떤 관계 R을 정의하고 있다. 각 관계가 동치관계(equivalence relation)를 만족하는지 조사하시오.
(1) $p(x, y)$: $|x-y|$ 는 5로 나누어떨어진다.
(2) $p(x, y)$: x 와 y 는 같다.

6. 집합 $A = \{1, 2, 6, 8\}$ 에서 명제함수 $p(x, y)$ 가 'x 는 y 의 약수이다'로 정의된 관계 R이 반순서(partial order) 관계임을 보이고, 이를 선도로 나타내시오.

7. 양의 유리수 집합에서 관계 R을 다음과 같이 정의하자.

$$(\frac{a}{b}, \frac{c}{d}) \in \mathrm{R} \ (i.e. \ \frac{a}{b} = \frac{c}{d}) \Leftrightarrow ad = bc$$

그러면 관계 R이 동치관계임을 증명하여라.

8. 양의 유리수 집합에서 관계 R을 다음과 같이 정의하자.

$$(\frac{a}{b}, \frac{c}{d}) \in \mathrm{R} \ (i.e. \ \frac{a}{b} \le \frac{c}{d}) \Leftrightarrow ad \le bc$$

그러면 관계 R이 반순서관계임을 증명하여라.

참고 집합 A에서의 관계 R이 반사관계는 만족하지 않고, **반대칭 및 추이관계만을 만족**하는 경우는 **단순순서**(simple order)관계 또는 **순(협의)순서**(strictly order)관계라고 한다.

읽을거리

부분반사, 비반사, 부분대칭, 비대칭

A의 각 원소 a에 대해 $a\not{R}a$가 항상 참이면, 이가 관계 R는 A 위에서 **비반사적**(irreflexive)이라 한다. 수에 적용시킨 관계 '…은 …보다 크다'는 명백히 비반사적이다. A의 어떤 원소 a에 대해 aRa이고 A의 어떤 원소 b에 대해서는 $b\not{R}b$이면, 이가 관계 R는 집합 A 위에서 **부분 반사적**(nonreflexive)이라 한다. 사람에 적용시킨 관계 '…은 …를 존경한다'는 부분 반사적이다. 왜냐하면 a가 사람이면 a는 자신을 존경할 수도 있고 존경하지 않을 수도 있기 때문이다. 마찬가지로 실수에 적용시킨 관계 '…은 …의 제곱이다'는 부분 반사적이다. 왜냐하면 1은 1의 제곱이지만 2는 2의 제곱이 아니기 때문이다.

집합 A의 두 원소 a와 b에 대해 aRb일 때마다 $b\not{R}a$이면, 즉 aRb와 bRa가 양립할 수 없으면, 이가 관계 R는 A 위에서 **비대칭적**(asymmetric)이라 한다. 수에 적용시킨 관계 '…은 …보다 크다'와 사람에 적용시킨 관계 '…은 …의 아버지다'는 비대칭적 관계의 보기이다. 왜냐하면 두 수 a와 b에 대해 $a>b$이면 $b>a$일 수 없고, 두 사람 a와 b에 대해 a가 b의 아버지이면 b는 a의 아버지가 될 수 없기 때문이다. 집합 A의 어떤 원소 a와 b에 대해 aRb와 bRa가 동시에 성립하고 A의 어떤 원소 c와 d에 대해서는 cRd와 $d\not{R}c$가 성립하면, 이가 관계 R는 A 위에서 **부분 대칭적**(nonsymmetric)이라 한다. 따라서 aRb가 bRa와 양립하지만 aRb가 bRa를 함의하지 않으면, 이가 관계 R는 부분 대칭적이다. 부분 대칭적 이가 관계의 보기로 사람에 적용시킨 관계 '…은 …를 존경한다'와 명제에 적용시킨 관계 '…은 …을 함의한다'를 들 수 있다. a가 b를 존경하면, b는 a를 존경할 수도 있고 존경하지 않을 수도 있다. 또, 명제 a가 명제 b를 함의하면, 명제 b는 명제 a를 함의할 수도 있고 않을 수도 있다. 산술에서 부분 대칭적 관계의 보기로 수에 적용시킨 '…은 …보다 크거나 같다'를 들 수 있다. 왜냐하면 두 수 a와 b에 대해 a가 b보다 크거나 같으면 b는 a보다 크거나 같을 수도 있고 그렇지 않을 수도 있기 때문이다.

Chapter 4

함수

생각열기

☞ 사이클로이드(cyclroid)는 원을 굴렸을 때 원에 찍은 점이 그리는 곡선을 말한다. 파스칼에 의해 많은 성질들이 밝혀졌고, 17세기 힘과 운동을 수학적으로 설명하려는 수학자들의 시도들 때문에 관심의 대상이 되었다.
우리나라 건축물에서 많이 사용되는 기와나 지붕 처마의 곡선이 이 사이클로이드 곡선의 모양을 하고 있으며, 독수리가 먹잇감을 잡기 위해 날아가는 곡선 또한 사이클로이드 곡선이다.

자연의 현상 중 시간에 따라 주기적으로 변하는 것이 많고, 우리의 일상생활에서도 서로 관계를 가지며 변하는 현상이 많다. 보통 변하는 두 양 사이의 관계를 함수라 하며, 함수는 물리적, 사회적, 수학적으로 일어나는 변화의 관계를 기술하기 위한 도구로 이용되었다. 함수의 개념은 가장 기초적인 수학적 개념인 동시에 수학적 사고의 모든 부분과 관련되어 있다. 초등수학에서 함수적 사고는 사칙연산, 대응규칙 찾기, 표와 그래프, 비와 비례식, 정비례와 반비례 등에서 나타난다. 이번 장에는 이러한 함수의 기본적인 정의와 성질에 대해 살펴보도록 하자.

함수의 정의와 성질

함수는 수학에서 두 집합사이의 원소를 대응시키는 대응관계를 말하며, 보통 다음과 같이 정의한다.

정의 4.1 ▌ A, B가 집합이고, f는 곱집합 $A \times B$의 관계인 경우에 대해서

(1) $\forall x \in A$에 대해서 $(x,y) \in f$ 인 $y \in B$가 반드시 존재한다. (존재성)

(2) $x \in A$일 때, $(x,y_1) \in f$ 이고, $(x,y_2) \in f$ 이면 $y_1 = y_2$이다. (일의성)

이를 만족하는 경우 f를 A에서 B로의 **함수**(function) 또는 **사상**(map)이라고 한다.

함수란 다시 말해, 각 원소 x∈A에 대해 유일한 원소 y∈B를 대응시키는 법칙(rule)을 의미한다.

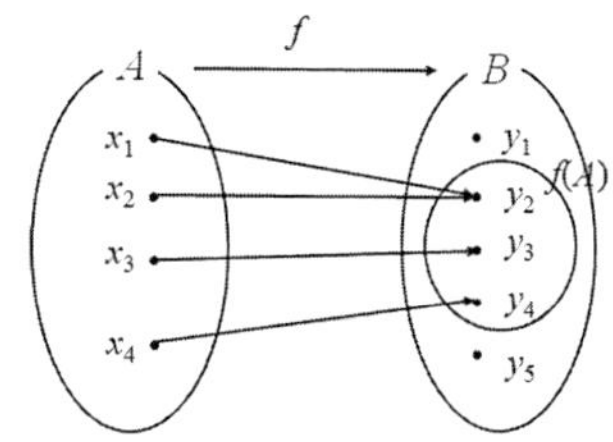

집합 A에서 집합 B로의 함수를 f : A→B와 같이 나타내고 A를 f의 **정의역**(domain), B를 f의 **공역**(codomain)이라고 한다. 또, f에 의하여 x∈A에 대응하는 B의 원소를 y=f(x)로 나타내고 이것을 x에서의 f의 **함숫값** 또는 f에 의한 x의 **상**(image)이라고 하고(y는 x의 **상**(image)), x는 y의 **원상**(preimage)이라 한다. 그리고 A의 모든 원소에 대응하는 f에 의한 상 전체의 집합을 ran f 또는 f(A)로 나타내고 이것을 f의 **치역**(range) 또는 **상**(image)이라고 한다. 즉,

$$\text{ran } f = f(A) = \{f(x) \mid x \in A\}$$

두 함수 f : A→B, g : A→B에서, ∀x∈A에 대하여 f(x)=g(x)일 때 f와 g는 서로 **같다**고 말하고 이 사실을 f=g로 나타낸다. 이는 필요충분조건이다.

예제 4.1 집합 A={1,2,3}, B={2,4,6,8}이고 A에서 B로의 함수 f가 f(x)=2x로 주어졌다면 이 경우 f(1)=2, f(2)=4, f(3)=6 이다.

예제 4.2 다음의 대응관계가 함수인지 판단해 보시오.

(1)
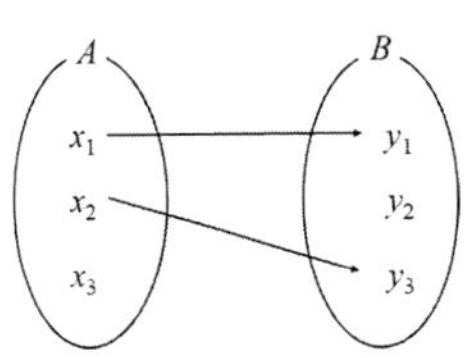

(2)
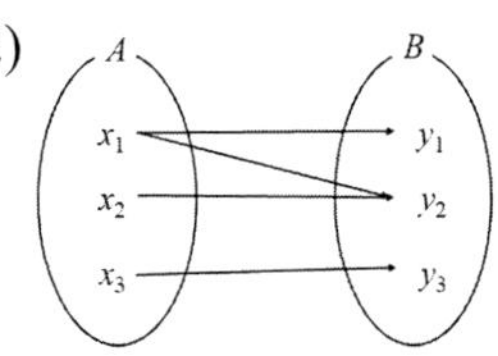

(3)
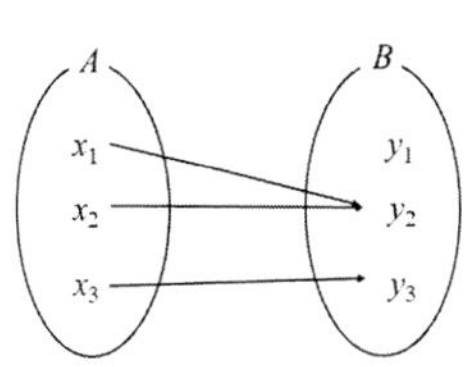

(4)
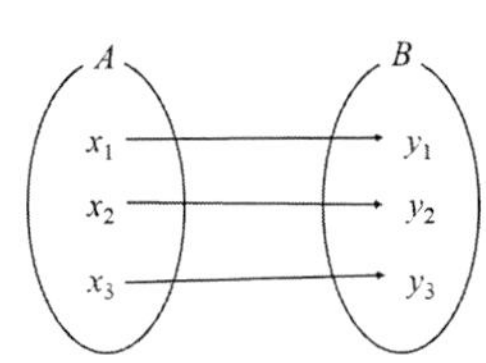

예제 4.3 f와 g는 실수(ℝ)에서 실수(ℝ)로의 함수로써 각각 f(x)=x 와 g(x)=|x|라 하자. 실수(ℝ)에서 두 함수는 같지 않으나 양의 실수구간에서 두 함수는 같다.

우리는 함수를 보다 쉽게 다루고 표현하기 위해서 그래프(graph)를 이용한다. 함수 $f: A \rightarrow B$에서 정의역 A의 원소 x에 대응하는 함수값 f(x)의 순서쌍의 집합을 **함수의 그래프**라고 하며, 집합으로는 $\{(x,f(x)) \mid x \in A\}$라 표기한다.

예제 4.4 집합 $A=\{1,2,3\}$이고 함수 $f: A \rightarrow A$가 $f(1)=2$, $f(2)=2$, $f(3)=3$일 때, 함수의 그래프는 다음과 같다.

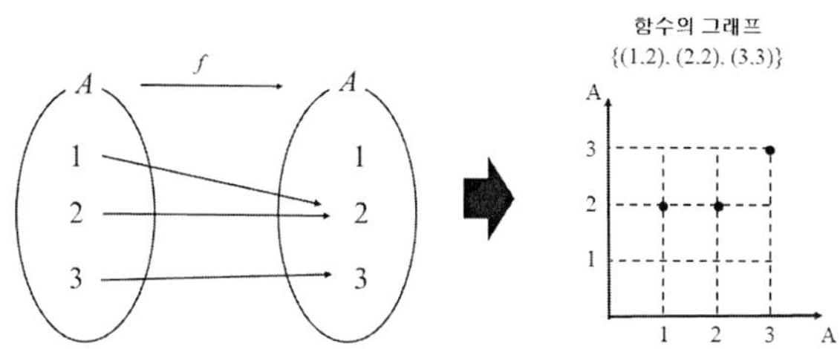

함수의 성질

함수를 이해하는데 있어서 중요한 기본적인 유형들을 살펴보자.

> **정의 4.2** A, B가 집합이고, 함수 $f: A \rightarrow B$에 대하여
>
> (1) $\forall x_1, x_2 \in A$, $f(x_1)=f(x_2) \Rightarrow x_1=x_2$ 일 때, f를 **단사함수**(injective function, injection) 또는 **일대일 함수**(one-to-one function)라 한다.
>
> (2) $f(A)=\{f(x) \mid x \in A\}=B$ 일 때, 즉 $\forall y \in B$, $\exists x \in A$ s.t $f(x)=y$ 일 때 f를 **전사함수**(surjective function, surjection) 또는 **위로의 함수**(onto function)라고 한다.
>
> (3) 함수 $f: A \rightarrow B$가 단사함수인 동시에 전사함수라면, f를 **전단사함수**(bijective function, bijection) 또는 **일대일 대응**(one-to-one correspondence)이라고 한다.

예제 4.5 (1) 집합 $A=\{1,2,3\}$, $B=\{1,2,3,4\}$에 대해 함수 $f: A \rightarrow B$가 다음과 같은 정의된 함수는 단사함수이다.

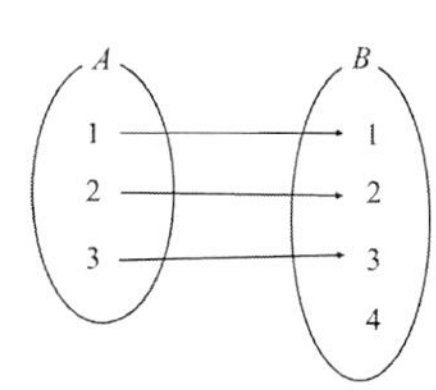

(2) 집합 $A=\{1,2,3,4\}$, $B=\{1,2,3\}$에 대해 함수 $f: A \to B$가 다음과 같은 정의된 함수는 전사함수이다.

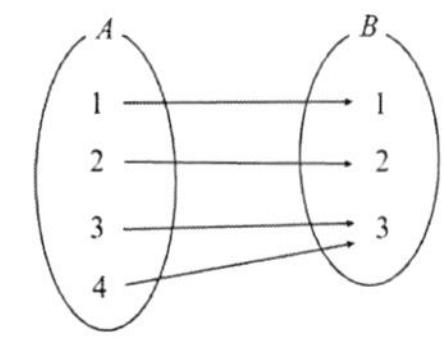

(3) 함수 $f:\{1,2,3,4\} \to \{1,2,3,4\}$, $f(1)=1$, $f(2)=2$, $f(3)=3$, $f(4)=4$로 정의된 함수는 전단사함수이다.

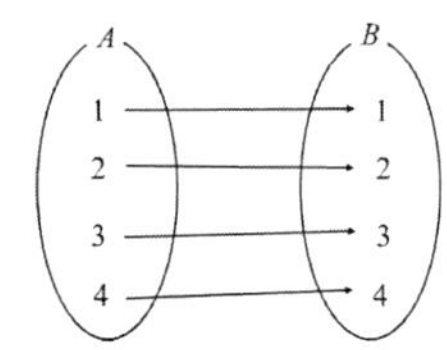

집합 A의 각 원소 x에 대하여 x 자신을 대응시키는 함수

$$1_A : A \to A,\ 1_A(x)=x$$

를 A 위의 **항등함수** 또는 **항등사상**(identity map)이라고 한다. 또한 정의역의 값에 관계없이 항상 같은 값을 갖는 상수함수(constant function)를 비롯하여 포함함수, 특성함수, 제한함수 등이 있다.

두 함수 $f: A \to B$, $g: B \to C$에 대하여, 다음과 같이 정의되는 함수 $g\circ f$를 f와 g의 **합성함수**(composite) 또는 **합성사상**이라고 한다.

$$g\circ f : A \to C,$$
$$(g\circ f)(x)=g(f(x))$$

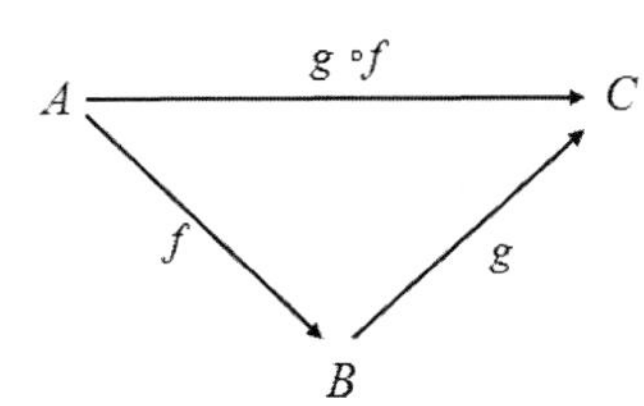

예제 4.6 실수 집합 $\mathbb{R}$위의 두 함수 $f, g: \mathbb{R} \to \mathbb{R}$가 각각 $f(x)=x^2$와 $g(x)=x+3$으로 정의되었다면, f와 g의 합성함수는

$$(g\circ f)(x)=g(f(x))=x^2+3, \quad (f\circ g)(x)=f(g(x))=(x+3)^2$$

이다. 그리고 $x=2$에서의 함수 값은 다음과 같다.

$$(g\circ f)(2)=g(f(2))=g(4)=7, \quad (f\circ g)(2)=f(g(2))=f(5)=25$$

정리 4.1 ▌ 함수 $f: A \to B$, $g: B \to C$, $h: C \to D$ 에 대하여 다음 등식이 성립한다.

(i) $h\circ(g\circ f)=(h\circ g)\circ f$　　　(ii) $f\circ 1_A = 1_B\circ f$

증명 증명은 독자에게 남긴다.

예제 4.7 두 집합이 $A=\{1,2,3,4\}$, $B=\{a,b,c\}$일 때, 물음에 답하시오.

(1) 집합 A에서 B에로의 함수는 모두 몇 개를 만들 수 있는가?

(2) 집합 A에서 B로의 전사함수는 모두 몇 개를 만들 수 있는가?

(3) 집합 A에서 B로의 단사함수는 모두 몇 개를 만들 수 있는가?

정리 4.2 ▌ 함수 $f: A \to B$, $g: B \to C$에 대하여 다음 성질이 성립한다.

(i) f, g가 단사함수이면, $g\circ f$ 단사함수이다.

(ii) f, g가 전사함수이면, $g\circ f$ 전사함수이다.

(iii) f, g가 전단사함수이면, $g\circ f$ 전단사함수이다.

증명 (i) $(g\circ f)(x_1)=(g\circ f)(x_2)$ 즉 $g(f(x_1))=g(f(x_2))$이고 함수 g가 단사함수이므로 정의에 의해 $f(x_1)=f(x_2)$이다. 또한, f가 단사함수이므로 $x_1=x_2$가 되어 $g\circ f$는 단사함수이다.

(ii) f, g가 전사함수이므로 $(g\circ f)(A)=g(f(A))=g(B)=C$이다. 따라서 $g\circ f$는 전사함수이다.

(iii) f, g가 모두 전단사함수이므로 (1), (2)에 의하여 $g\circ f$는 전단사함수이다. □

예제 4.8 다음은 앞의 정리의 각 명제의 역이 성립하지 않는 하나의 예이다.

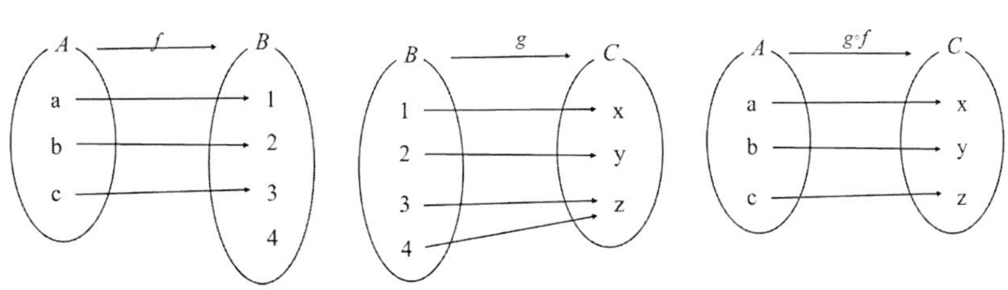

정리 4.3 ▍ 함수 $f: A \to B$, $g: B \to C$에 대하여 다음 성질이 성립한다.

(i) $g \circ f$ 단사함수이면, f는 단사함수이다.

(ii) $g \circ f$ 전사함수이면, g가 전사함수이다.

정리 4.4 ▍ 다음 성질이 성립한다.

(i) 항등함수 $1_A : A \to A$는 전단사함수이다.

(ii) 두 함수 $f: A \to B$, $g: B \to A$ 에 대하여 $g \circ f = 1_A$이면, f는 단사함수이고 g는 전사함수이다.

증명 (i)은 분명하다. (ii) 만약 $g \circ f = 1_A$ 이면, 두 원소 $x_1, x_2 \in A$에 대하여

$$f(x_1) = f(x_2) \Rightarrow x_1 = g(f(x_1)) = g(f(x_2)) = x_2$$

이므로 f는 단사함수이다.

그리고 $g(f(A)) = A$, $f(A) \subseteq B$ 이므로 $g(B) = A$이다. □

정리 4.5 ▍ 두 함수 $f: A \to B$, $g: B \to A$ 에 대하여, $g \circ f = 1_A$ 이고 $f \circ g = 1_B$ 가 성립하면, f와 g는 전단사함수이다.

역으로, 함수 $f: A \to B$ 가 전단사함수이면, 위의 두 등식을 만족시키는 함수 $g: B \to A$ 가 존재하고 또 이와 같은 함수 g는 단 하나뿐이다.

증명 증명은 독자에게 남긴다.(정리 4.4 참고)

다음은 역함수의 정의이다.

정의 4.3 ▍ 함수 $f: A \to B$에 대하여 $g \circ f = 1_A$, $f \circ g = 1_B$ 인 함수 $g: B \to A$ 가 존재할 때, g를 f의 **역함수**(inverse) 또는 **역사상**이라 하고 이것을 $f^{-1} : B \to A$ 로 나타낸다. 즉, $f^{-1} \circ f = 1_A$, $f \circ f^{-1} = 1_B$ 이다.

앞의 정의 4.3과 정리 4.5에 의하면, 함수 $f: A \to B$ 가 전단사함수일 때 f의 역함수 $f^{-1}: B \to A$ 가 존재한다. 또한 다음 등식이 성립한다.

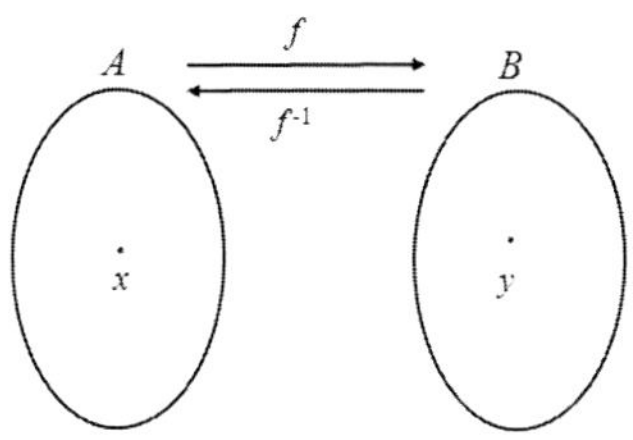

$$f^{-1}(f(x)) = x \ (x \in A), \qquad f(f^{-1}(y)) = y \ (y \in B)$$

$$f(x) = y \Leftrightarrow f^{-1}(y) = x \qquad (x \in A,\ y \in B)$$

정리 4.6 ▎ 함수 $f: A \to B$가 전단사함수이면, $f^{-1}: B \to A$는 함수이다.

증명 함수의 정의로부터

(a) f가 전사함수이므로 임의의 $y \in B$에 대하여, $(x,y) \in f$인 $x \in A$가 존재한다. 그러므로 임의의 $y \in B$에 대하여, $(y,x) \in f^{-1}$인 $x \in A$가 존재한다.

(b) $(y,x_1) \in f^{-1}$이고 $(y,x_2) \in f^{-1}$이면 $(x_1,y) \in f$이고 $(x_2,y) \in f$이다. 따라서 함수 f는 단사함수이므로 $x_1 = x_2$이다.

정리 4.7 ▎ 함수 $f: A \to B$가 전단사함수이면, f의 역함수 $f^{-1}: B \to A$도 전단사함수이고 $(f^{-1})^{-1} = f$ 이다. 또한

$$(g \circ f)^{-1} = f^{-1} \circ g^{-1}$$

이다.

증명 함수 f가 전단사함수이므로 정리 4.6에 의해 $f^{-1}: B \to A$는 함수이다.

먼저 f^{-1} 가 단사함수를 만족함을 증명하자.

$$f^{-1}(y_1) = x \wedge f^{-1}(y_2) = x \Rightarrow f(x) = y_1,\ f(x) = y_2$$
$$\Rightarrow y_1 = y_2$$

다음으로 f^{-1}는 전사함수를 만족한다. 그 이유는 함수 f가 전사함수이므로 $f(A) = B$이다. 따라서 $f^{-1}(B) = A$이기 때문이다. □

학교수학

◈ 초등학교 수학에서 함수와 관련되는 부분은 **규칙성**영역이다.

(1) 여러 가지 수 **배열** 및 표에서 규칙 찾기 (초등 1, 2)

(예시) 2씩 커지는 규칙 ⇒ 20 − ▢ − 24 − ▢ − 28 − ▢ − 32 − ▢

5씩 작아지는 규칙 ⇒ 80 − ▢ − 70 − 65 − ▢ − ▢ − 50 − ▢

(2) **덧셈(구구)표** 또는 **곱셈(구구)표**에서 규칙 찾기 (초등 1, 2)

(예시)

×	2	4	6	8
2	4	8	12	16
4	8	16	24	32
6				
8				

: 짝수만 이용한 곱셈표

참고 **달력** 또는 **시계** 등 규칙성을 갖는 것들을 생활 주변에서 조사해본다.

(3) 일차 함수

− 두 수 사이의 관계를 알 수 있어요. (초등 4)

예제1. ◎와 ▽ 사이의 관계를 식으로 나타내시오.

◎	4	5	6	7	8	9	10
▽	1	2	3	4	5		

⇒ ◎ = ▽ + 4 (i.e. $y = x + 4$)

예제2. 표를 완성하고 ▼와 ◉ 사이의 관계를 식으로 나타내시오.

▼	5	10	15	20	25	30	35	⋯
◉	1	2	3	4	5			⋯

⇒ ▼ = ◉ × 5 (i.e. $y = x \times 5$)

예제3. ♤와 ▣ 사이의 관계에 대한 표를 완성하시오.

♤	1	2	3	4	5	6	7
▣	1	4	9				

⇒ ______________________________

– 정비례와 반비례를 알 수 있어요. (초등 6)

예제1 한 시간에 80Km씩 달리는 버스가 있습니다. 달리는 시간을 x 시간, 달리는 거리를 y km라 하고, x 와 y 의 **대응 관계**를 식으로 나타내시오.

⇒ ______________________________

예제2 빵이 16개 있습니다. 사람 수를 x 명, 한 사람에게 돌아가는 빵의 수를 y 개라 하고, x 와 y 의 **대응 관계**를 식으로 나타내시오.

⇒ ______________________________

연습문제

1. $f : A \to B$와 $g : A \to B$가 함수일 경우, $f \subset g$이면 $f = g$이다.

2. $f : A \to B$가 함수일 경우 f는 A와 1대 1대응된다는 것을 증명하여라.

3. $f : A \to B$ 및 $g : B \to C$가 함수이면 $g \circ f : A \to C$도 함수임을 증명하여라.

4. $f : A \to B$ 가 전단사이면 $f^{-1} : B \to A$는 전단사임을 증명하여라.

5. $f : A \to B$ 가 함수이면 $I_B \circ f = f$ 및 $f \circ I_A = f$ 임을 증명하여라.

6. $f : A \to B$ 및 $g : B \to C$가 함수일 때, $g \circ f$가 전단사함수이면 f가 단사이고 g가 전사임을 증명하여라.

7. $f : A \to B$ 및 $g : B \to A$를 함수라고 하자. $y = f(x)$일 필요충분조건이 $x = g(y)$라고 할 경우, f가 가역(invertible)이며 $g = f^{-1}$임을 증명하여라.

읽을거리

비둘기집의 원리

3마리 비둘기를 2개의 집에 넣으면 2마리 이상이 들어가는 집이 반드시 있다. 이것이 이른바 **비둘기집의 원리**(Pigeon Hele Principle)이다. 이 원리를 이용하면 3개의 정수 중에는 그 합이 짝수인 두 수가 반드시 존재함을 보일 수 있다. 비둘기집의 원리는 지극히 당연하고 사소하게 보이지만 이산수학의 주요 관심사의 하나인 배열이나 패턴의 존재성 문제를 해결할 수 있는 가장 강력한 도구 중 하나이다.

> 정리 ❚ **[비둘기집의 원리]**
> $n+1$마리의 비둘기를 n개의 비둘기집에 넣으면, 2마리 이상 들어간 집이 반드시 있다.

비둘기집의 원리를 적용하여 배열의 존재성을 증명하고자 할 때, 문제에서 무엇을 비둘기로 두고 무엇을 비둘기집으로 둘 것인가를 결정하는 것이 문제 해결의 관건이 된다.

이를테면, 13사람 중에는 태어난 달이 같은 사람이 2명 이상 있음을 증명하기 위하여, 사람을 x_1, x_2, …, x_{13}이라 하고 비둘기와 비둘기집을 각각 다음과 같이 둔다.

비둘기　 : x_1, x_2, …, x_{12}, x_{13},
비둘기 집 : 1월, 2월, …, 12월

각 ‘비둘기’를 태어난 달에 해당하는 ‘집’에 넣으면, ‘2마리 이상 들어간 집이 반드시 존재’하므로 태어난 달이 같은 사람이 반드시 2명 이상 있다.

비둘기집 원리를 이용하여 배열의 존재성을 증명하는 문제를 풀어보자.

1) 한 변의 길이가 1cm인 정육각형의 내부에 점을 7개 찍으면, 그 중 두 점 사이의 거리가 1cm를 넘지 않는 두 점이 반드시 있다는 것을 보이시오.

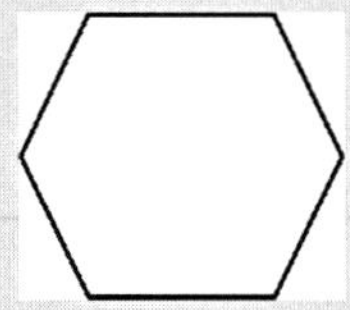

2) 어떤 도예가는 30일 동안 매일 1개 이상의 도자기를 만들어 45개를 만들었다. 연속된 며칠 사이에 정확하게 14개의 도자기를 만든 기간이 있음을 증명하라.

3) '11이상의 서로 다른 임의의 12개의 자연수 중에서 두 수의 차가 11의 배수가 되는 수는 반드시 존재한다.'는 문장이 참이 되는 이유를 설명하시오.

4) 비둘기집의 원리를 활용할 수 있는 문제를 다양하게 만들어보고, 친구와 함께 해결해 보세요.

지금부터 보다 일반적인 형태의 비둘기집의 원리에 대하여 생각해 보기로 하자.

정리 ▌ [비둘기집의 원리 2]

m마리의 비둘기를 n개의 비둘기 집에 넣으면 $\left\lceil \frac{m}{n} \right\rceil$마리 이상 들어간 집이 반드시 있다. (여기서 $\lceil x \rceil$는 x보다 작지 않은 최소 정수를 의미한다.)

예를 들어, 10마리의 비둘기를 3개의 비둘기 집에 넣었을 때, 3개의 집에 들어간 비둘기의 수를 각각, x_1, x_2, x_3이라 하면, $x_1+x_2+x_3=10$이므로 x_1, x_2, x_3의 평균은 $10/3=3.333\cdots$이다. x_1, x_2, x_3은 정수이므로 이들 중 하나는 $\lceil 10/3 \rceil=4$ 이상이어야 한다. 따라서 이때 4마리 이상 들어간 집이 반드시 있다. 또한 위의 정리로부터, 한 방에 40명의 사람이 있다면, $40/12=3.33\cdots$이므로, 그 중 4명 이상이 생월이 같다는 것을 알 수 있다.

Chapter 5 농도와 무한집합

생각열기

☞ 무한집합이란 무엇인가?

☞ 유리수가 많을까요? 무리수가 많을까요?

☞ 우리 생활주변에서 무한집합에 관한 예를 찾아보시오.

대부분 수학 책의 첫 장을 차지하는 집합이론은 19세기에야 칸토어가 소개한 것이다. 집합개념과 연산법칙은 칸토어 이전에도 있었으나, 그를 집합론의 창시자라고 일컫는 이유는 그가 집합을 이용하여 무한개념을 명확하게 설명했기 때문이다.

집합이란 서로 명확히 구분되는 것들의 모임이라고 정의한 칸토어는 무한집합의 크기를 정의하였다. 그는 두 집합사이에 일대일대응 관계가 성립할 때 두 집합의 크기는 같다고 정의한 후, 먼저 집합을 유한과 무한으로 나누고 무한집합의 크기를 재는 방법으로 가산과 비가산의 개념을 도입했다. 실제로 칸토어는 유리수 전체의 집합은 가산임을 보이기 위하여 자연수 전체와 유리수 전체 사이에 일대일대응을 만들었으며, 실수의 집합은 비가산임을 증명하였다.

칸토어의 집합론은 현대수학 발전의 초석이며, 칸토어 이후에야 수학에서 무한개념을 자유롭게 다룰 수 있게 되었다. 또한, 현대수학에서는 집합개념이 수학 전반에 걸쳐 스며들어 있으므로, 집합론의 이해는 성공적인 수학 학습의 첫걸음이다.

이제, 칸토어가 소개한 집합의 크기를 측정하는 방법에 대하여 알아보자. 칸토어는 집합을 유한과 무한으로 나누고 무한집합의 크기를 쟀다.

칸토어가 주장한 바는 무한이 단순한 상상의 산물이나 또는 유한이 아니라는 소박한 유한의 부정이 아니고 자연수 1, 2, 3, …과 똑같은 확실하고 현실적인 무한이 존재한다는 것이다. 즉, 그는 무한 중에서도 '작은 무한'과 '큰 무한'이 있음을 밝혀냈다.

유한집합은 원소가 유한 개 있으므로 그 개수에 의하여 집합의 크기를 비교할 수 있다. 그렇다면 무한집합의 크기는 비교할 수 없을까?

원소의 개수를 세지 않고 크기를 비교하는 방법을 생각해보면 유한집합에서 사용하였던 것처럼 **일대일 대응**을 이용하여 크기를 비교하는 방법이다. 이 방법을 무한 집합의 크기를 비교하는데 적용한 사람이 바로 칸토어이다. 그는 두 집합의 원소사이에 일대일의 대응을 성립시킬 수 있을 때, 이 두 집합은 같은 **농도**(power, cardinality) 또는 **대등**(equipotent)하다고 정의함으로써 종래의 개수에 대하여 보다 폭넓은 농도의 개념을 도입하여 현실적인 무한집합을 정의하였다.

> **정의 5.1** ▌ 두 집합 A, B에 대하여 전단사함수(일대일대응) $f : A \rightarrow B$가 존재할 때, A와 B는 **대등**(equipotent)하다고 말하고, $A \approx B$로 나타낸다.

예를 들면, 무한집합에서는 전체가 부분보다 크다고 할 수 없게 된다. 자연수의 집합과 그의 진부분집합인 짝수집합을 비교해보자.

$$\begin{array}{ccccccc} (& 1, & 2, & 3, & 4, & 5, & \cdots) \\ & \downarrow & \downarrow & \downarrow & \downarrow & \downarrow & \cdots \\ (& 2, & 4, & 6, & 8, & 10, & \cdots) \end{array}$$

위와 같이 두 집합은 일대일 대응관계에 있으므로 자연수집합과 짝수집합은 같은 농도를 가지며 둘 다 무한집합이다.

한편, 만일 A와 B 사이에 일대일대응이 존재하지 않으나 A와 B의 진부분집합 사이에는 일대일대응이 존재하면 A는 B보다 **낮은 농도**라 한다. 이 경우 $A < B$와 같이 적기로 하자. 또한 A의 농도가 B의 농도보다 작거나 같으면 $A \leqslant B$로 나타내자.

우리는 $A < B$일 필요충분조건은 $A \rightarrow B$ 단사함수가 존재한다. 그리고 $A \leqslant B$일 필요충분조건은 $B \rightarrow A$ 전사함수가 존재함을 알 수 있다.

예제 5.1 (1) 자연수 집합($\mathbb{N}$)이 무한집합임을 보여보자. 자연수 집합의 진부분집합인 짝수의 집합을 A라고 하자. 그리고 자연수의 집합에서 짝수의 집합으로 대응되는 함수를 f라고 하자. 즉, $f(x)=2x$이다. f가 일대일대응을 보이자. $x_1,\ x_2 \in \mathbb{N}$에 대해, $f(x_1)=f(x_2)$이면 $2x_1=2x_2$이고, $x_1=x_2$가 된다. 따라서 단사함수이다. 모든 $y \in A$에 대해 $f(x)=y$가 되는 $x=y/2$가 $\mathbb{N}$에 있다. 따라서 f가 일대일대응이고 $\mathbb{N}$과 A가 대등하므로 자연수 집합이 무한집합이다.

(2) $[0,2]$은 무한집합이다. 이는 $[0,2]$의 진부분집합 $[0,1]$에 대해서 $f : [0,1] \to [0,2]$의 함수가 일대일대응임을 보이면 된다.

다음은 농도(power) 또는 기수(cardinality)에 의한 집합의 분류이다.

정의 5.2

(1) 공집합이거나, 어떤 자연수 k에 대하여 집합 $N_k=\{1,2,3,\cdots,k\}$와 대등한 집합을 **유한**(finite)**집합**이라 하고, 유한집합이 아닌 집합을 **무한**(infinite)**집합**이라 한다.

(2) 자연수 집합과 대등한 집합을 **가부번**(denumerable)집합이라 하고, 농도 $\aleph_0$ (aleph zero)를 가졌다고 한다.

(3) 유한집합이거나 가부번집합을 **가산**(countable)집합이라 한다.

(4) 가산집합이 아닌 집합을 **비가부번**(nondenumerable) 또는 **비가산**(uncountable) 집합이라 한다.

무한집합에 대한 엄밀한 정의로는 집합 A의 적당한 진부분 집합 B가 존재하여, A와 B가 서로 대등하면 A를 무한집합이라 한다. 즉, A와 B사이 일대일 대응이 존재하면 된다.

예제 5.2 (1) 공집합은 가산집합이다.

(2) 정수의 집합($\mathbb{Z}$)은 가부번집합이다. 왜냐하면 함수 $f : \mathbb{N} \to \mathbb{Z}$를 다음과 같이 정의하면,

$$f(n) = \begin{cases} \dfrac{n}{2} & (n: \text{짝수}) \\ \dfrac{1-n}{2} & (n: \text{홀수}) \end{cases}$$

f는 전단사함수가 되고, 자연수 집합과 대등한 집합이므로 $\mathbb{Z}$는 가부번집합이다.

(3) 짝수의 집합과 홀수의 집합은 가부번집합이다.

참고 A, B가 가부번집합이고, $a \in A$일 때, 다음 성질이 성립한다.

(1) $A - \{a\}$는 가부번집합이다.

(2) $A \cup B$는 가부번집합이다.

예제 5.3 (1) 집합 $\mathbb{N}$을 자연수집합이라 할 때, $\mathbb{N} \times \mathbb{N}$은 가부번집합이다. 왜냐하면 함수 $f : \mathbb{N} \times \mathbb{N} \to \mathbb{N}$를

$$f(i,j) = 2^i 3^j$$

로 정의하자. 그러면 f는 단사함수이다. 즉, $\mathbb{N} \times \mathbb{N} \approx f(\mathbb{N} \times \mathbb{N})$ 이다. $\mathbb{N} \times \mathbb{N}$이 무한집합이므로 $f(\mathbb{N} \times \mathbb{N})$이 무한집합이다. 그런데 $f(\mathbb{N} \times \mathbb{N})$은 가부번집합의 무한 부분집합이 된다. 따라서 $f(\mathbb{N} \times \mathbb{N})$은 가부번집합이다. 따라서 $\mathbb{N} \times \mathbb{N} \approx f(\mathbb{N} \times \mathbb{N})$이므로, $\mathbb{N} \times \mathbb{N}$이 가부번집합이다.

(2) 유리수는 가부번집합이다. $\mathbb{Q}^+$는 모든 양의 유리수의 집합이라 하고, $\mathbb{Q}^-$는 음의 유리수의 집합이라 하자. 그러면 유리수의 집합 $\mathbb{Q} = \mathbb{Q}^+ \cup \{0\} \cup \mathbb{Q}^-$이 된다. $\mathbb{Q}^+$가 가부분집합임을 보이자. $p, q \in \mathbb{N}$에 대해 함수 $f : \mathbb{Q}^+ \to \mathbb{N} \times \mathbb{N}$를 $f(q/p) = (p,q)$로 정의하자. 그럼 f는 단사함수

이다. 따라서 $\mathbb{Q}^+ \approx f(\mathbb{Q}^+) \subset \mathbb{N} \times \mathbb{N}$. 그런데 $\mathbb{N} \subset \mathbb{Q}^+$이므로 $\mathbb{Q}^+$는 무한집합이다. 그러므로 $f(\mathbb{Q}^+)$은 가부번집합 $\mathbb{N} \times \mathbb{N}$의 무한집합이다. 따라서 $f(\mathbb{Q}^+)$은 가부번집합이다. 즉, $\mathbb{Q}^+$는 가부번집합이다.

그런데 $\mathbb{Q}^+ \approx \mathbb{Q}^-$이므로 $\mathbb{Q}^-$도 가부번집합이다. 따라서 유리수는 가부번집합이다.

예제 5.4 (1) (0,1)은 가부번집합이 아님을 보이자. 만약 (0,1)이 가부번집합이라고 가정하자. 그러면 전단사함수 $f : \mathbb{N} \rightarrow (0,1)$를 $f(n) = x_n$ (x_n: 무한소수)로 정의할 수 있다. 즉,

$$x_1 = 0.a_{11}a_{12}a_{13}a_{14}....$$
$$x_2 = 0.a_{21}a_{22}a_{23}a_{24}....$$
$$x_3 = 0.a_{31}a_{32}a_{33}a_{34}...$$
$$\cdots$$
$$x_n = 0.a_{n1}a_{n2}a_{n3}a_{n4}...$$
$$\cdots$$

이다.(단, $0 \leq a_{ij} \leq 9$)

만약 $y = 0.b_1b_2b_3b_4 \cdots \in (0,1)$을 선택하면, 모든 n에 대해 $f(n) = x_n \neq y$이다. 따라서, f가 전단사함수라는 가정에 모순이 되므로 (0,1)이 가부번집합이 아님을 보일 수 있다.

(2) 실수($\mathbb{R}$)는 (0,1)과 대등하다. 따라서 실수집합은 비가산집합이다.

정의 5.3 ▌ 실수 집합($\mathbb{R}$)과 대등한 집합을 **연속체의 농도**(power of continuum)를 가졌다고 하고, 농도 $\aleph$ (또는 C)로 표시한다.

칸토어는 자연수 전체와 유리수 전체를 일대일로 빠짐없이 대응시키는 함수를 만들어서 유리수의 집합이 가산임을 보였다. 그림과 같이 화살표대로 따라가면서 겹치는 것은 빼고 자연수를 하나씩 대응시키면 유리수는 자연수와 일대일대응이 된다.

$$\begin{array}{cccccccc}
1 & \rightarrow & 2 & & 3 & \rightarrow & 4 & \cdots \\
 & \swarrow & & \nearrow & & \swarrow & & \\
\frac{1}{2} & & \frac{2}{2} & & \frac{3}{2} & & \frac{4}{2} & \cdots \\
\downarrow & \nearrow & & \swarrow & & \nearrow & & \\
\frac{1}{3} & & \frac{2}{3} & & \frac{3}{3} & & \frac{4}{3} & \cdots \\
 & \swarrow & & \nearrow & & \swarrow & & \\
\frac{1}{4} & & \frac{2}{4} & & \frac{3}{4} & & \frac{4}{4} & \cdots \\
\downarrow & \nearrow & & \swarrow & & \nearrow & & \\
. & & . & & . & & . & \cdots
\end{array}$$

[칸토어의 대각선논법]

그러나 칸토어는 자연수 전체와 실수 전체는 일대일로 대응시킬 수 없음을 보이는 칸토어의 대각선법(Cantor's diagonal method)을 소개하였다. 따라서 실수의 집합은 비가산인 것이다. 한편, 실수의 집합이 비가산이므로 무리수의 집합도 비가산이다. 왜냐하면 두 가산집합의 합집합은 가산집합이기 때문이다. 즉, 비가산집합인 실수는 유리수의 집합과 무리수의 집합의 합집합이며 유리수의 집합은 가산이므로 무리수의 집합은 비가산이어야 한다.

무한 개념의 이해

무한 개념이란 길이, 크기, 넓이, 시간 등에 끝이 없음을 지칭하는 무한대(infinity)와 불가분성, 무한소(infinitesimal), 극한개념에 이르는 무한의 과정(infinite process)을 포함하는 개념이다. 무한 혹은 무한대는 수학적으로 변수 X가 어떠한 양수 K를 취해도 반드시 그보다 클 경우를 가리킨다. 그것이 양수인 경우를 양의 무한대, 음수인 경우는 음의 무한대라고 하며, 양의 무한대를 줄여서 무한대라고 할 때도 있다. 극한은 어떤 양이 일정한 법칙에 따라 확정된 값에 한없이 가까워지는 개념을 일컫는다. 그러므로 극한개념을 흔히 무한과정이라고 부르기도 한다. 왜냐하면 극한이란 끝없이 무한으로 가는 개념이기 때문이다.

한편, Cornu(1981), Robert(1982), Sierpinska(1985)에 의한 개개인의 무한 개념발달에 대한 연구들은 무한개념 발달에는 1단계의 **정적 무한**(static concept of limit), 2단계인 **가무한**(dynamic concept of limit) 혹은 **잠재적 무한**(potential infinity), 3단계의 **실무한**(acutalized infinity concept) 개념의 세 수준이 존재한다는 점을 밝혀주고 있다.

실무한이란 집합은 집합의 원소들이 모두 실제로 존재한다고 생각하는 경우이고, 잠재적 무한이란 집합은 계속 커질 수 있으나 그 총체를 가지지 않는다는 생각이다. 칸토어에 의한 집합론은 수 집합을 실무한으로 다루었으므로 가능했다.

교과서에서 자연수의 집합을 $\{1, 2, 3, 4, \cdots\}$과 같이 표현하는 것은 잠재적 무한으로 생각한 것이고 $\{x \mid x$ 는 자연수$\}$와 같이 조건제시법으로 표현함은 집합을 실제로 완결되어 존재하는 것으로 생각하는 것이다. 그리고 수 집합의 연산에 대하여 닫힌 성질들을 살펴보는 것도 집합을 실무한으로 보고 다루는 것이라 할 수 있다. 또한, 순환소수를 보면 $1/3 = 0.33333\cdots$이라는 표현에서 끝없이 숫자가 반복하여 나오는 수를 완결된 것으로 간주하여 $1/3 = 0.\dot{3}$과 같이 실무한의 개념으로 취급하였으며 무리수 $\sqrt{2}$ 도 소수표현에 의하면 $1.4142135623\cdots$ 와 같이 무한히 수가 확장되어 가는 경우가 되지만 한 변의 길이가 1인 정사각형의 대각선의 길이가 되는 수로써 완결되어 존재하는 실무한으로 취급하고 있다. 이와 같이 수에 대한 개념은 잠재적 무한에서 실무한으로 옮겨갈 수 있다.

학교수학

(1) 무한 개념의 도입 (초등 3)

선분을 양쪽으로 길게 늘인 곧은 선을 알아봅시다.

- 선분 ㄱㄴ과 무엇이 다른지 이야기해 보세요.

- 반직선 ㄱㄴ, 반직선 ㄴㄱ과 무엇이 다른지 이야기해 보세요.

선분을 양쪽으로 끝없이 늘인 곧은 선을 직선이라고 합니다.
점 ㄱ과 점 ㄴ을 지나는 직선을 직선 ㄱㄴ 또는 직선 ㄴㄱ이라고 합니다.

(2) 무한 개념의 이해 (초등 6)

(1) 무한의 표현

비율의 이름

원의 크기와 관계없이 지름에 대한 원주의 비는 일정합니다. 이 비의 값을 원주율이라고 합니다.

(원주율)=(원주)÷(지름)

원주율을 소수로 나타내면 3.1415926535897932 … 와 같이 끝없이 써야 합니다.

(2) 무한 개념의 발달 (실무한)

활동2 원의 넓이 구하는 방법을 알아보시오.

- 원을 다음과 같이 잘게 잘라 붙이면 어떤 도형과 비슷해질 것이라고 생각합니까? 준비물 13쪽

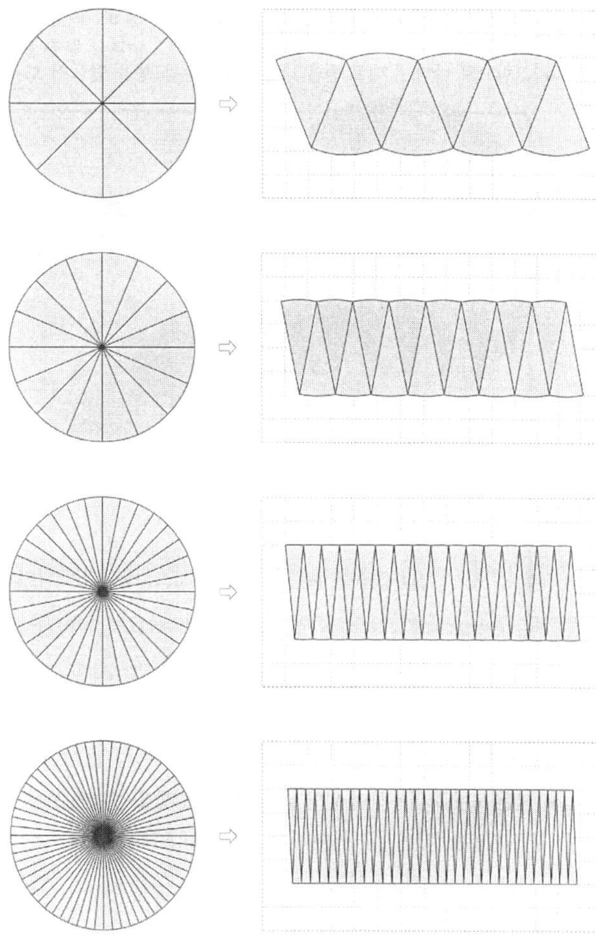

연습문제

1. [-1, 1]과 [-2, 2]는 대등함을 보이시오.

2. 다음의 집합이 무한집합임을 보이시오.
   (1) 유리수의 집합 $\mathbb{Q}$
   (2) 실수의 집합 $\mathbb{R}$
   (3) 짝수의 집합
   (4) 홀수의 집합
   (5) 3의 배수의 집합
   (6) 0과 3사이의 실수의 집합 [0, 3]

3. 다음을 증명하시오.
   (1) A가 무한집합이고 $A \subseteq B$이면 B는 무한집합이다.
   (2) B가 유한집합이고 $A \subseteq B$이면 A는 유한집합이다.

4. 함수 $f : A \to B$가 전단사함수일 때, 다음이 성립함을 보이시오.
   (1) A가 무한집합이면 B는 무한집합이다.
   (2) A가 유한집합이면 B는 유한집합이다.

5. 다음 집합이 가부번집합임을 보이시오.
   (1) 정수의 집합 $\mathbb{Z}$
   (2) 유리수의 집합 $\mathbb{Q}$
   (3) 소수의 집합
   (4) $\mathbb{Q} \times \mathbb{Q}$

6. A가 가부번집합이고 $B \subset A$일 때, B가 무한집합이면 B는 가부번집합임을 보이시오.

7. A가 유한집합이고 B가 가부번집합이면 $A \cup B$가 가부번집합임을 보이시오.

읽을거리

무한의 시작

모든 수학적 존재들이 오랜 역사를 통하여 발전되어 왔는데 무한이라는 개념도 긴 역사를 통해서 지금에 이르게 되었다. 무한은 여러 얼굴을 가지고 있다. 천문학자는 우주의 무한을 생각하고, 예술가는 상상의 세계를 무한으로 표현하고, 그리고 철학자나 신학자는 영원함, 신성함 또는 전능함의 표현으로 무한을 생각했었다. 그렇다면 옛날에는 이 무한을 어떻게 인식했을까? 언제부터 무한이라는 개념을 수학적으로 다루기 시작했을까? 이집트 시대에도 과학으로서의 수학은 상당히 발전했었는데, 1858년 스코틀랜드의 이집트 학자인 **헨리 린드**(Henry Rhind)에 의해 발견되어 명명된 기원전 1650년경의 파피루스인 **린드 파피루스**(Rhind Papyrus)에는 84개의 수학문제가 고대 이집트 문자로 기록되어 있었다고 한다. 하지만 인도, 중국, 바빌로니아 시대와 마찬가지로 이집트 시대의 수학적 활동의 범위는 부피, 무게, 시간을 측정하는 일과 같은 일상적인 삶의 실용적 문제에만 국한했었다고 한다. 이러한 실용적 측면이 강조되는 시대에서는 무한의 개념을 생각할 필요가 없었기 때문이다.

하지만 기원전 6세기 무렵부터 그리스에서 수학의 실용성을 떠난 앎 그 자체를 목적으로 하는 학문으로 바뀌기 시작했다. 이러한 전환은 바로 무한의 존재가 수학영역의 중심 문제임을 시사하는 것이다. 그리스인들은 기하학의 대가였다고 한다. 고전 기하학을 정립했고 수학에 수준 높은 엄밀성을 도입하게 되면서 수학을 여타 학문과 구분하는 특징인 증명을 요구하게 되었다고 한다. 그리스인들은 이미 확립된 사실로부터 논리적으로 연역될 수 없는 지식이라면 수학체계 안에 도입할 수 없다고 주장하였다. 이러한 그리스인들은 무한을 거의 수용하는 단계까지 갔었다고 한다. 그러나 이것을 수학적으로 표현할 수 있는 적절한 기호체계인 대수학의 발전이 없어서 무한 개념을 더 이상 발전을 못시켰다고 한다. 따라서 그리스인들은 무한을 금기했고 그것을 다루는 것을 두려워했다. 이러한 두려움을 표현한 예가 바로 기원전 4세기 철학자인 **제논**(Zeno)의 **역설**(paradoxes)이다. 그리스에서

궤변론으로 유명한 철학자 제논의 역설이 거의 최초의 무한의 개념에 대한 인식의 시도이다. 그때부터 무한의 개념에 기반을 둔 극한의 개념이 기초가 되는 뉴턴(Newton)과 라이프니츠(Leibniz)에 의한 미적분학(calculus)이 등장하기까지 근 2000년의 세월이 흘렀다.

제논의 역설(paradoxes)

제논의 역설은 **화살 역설**(arrow paradox)과 **아킬레스 역설**(Achilles paradox) 등 네 가지가 유명하다. 그 가운데에서도 우리에게 유명한 아킬레스 역설(Achilles paradox)에 대하여 살펴보자.

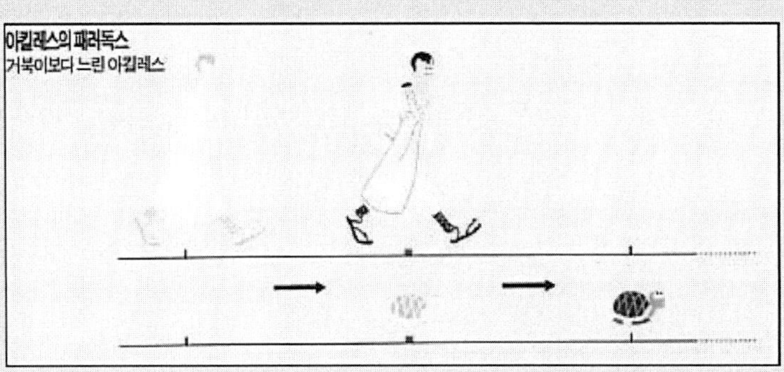

아킬레스 역설에서 제논은 아킬레스가 자기보다 조금 앞의 지점에서 출발하는 거북이를 이기려면 거북이의 출발점을 반드시 통과해야 하기 때문에 절대 이길 수 없다고 주장했다. 아킬레스가 거북이의 출발점에 도착했을 때는 이미 거북이는 앞으로 나아갔고 아킬레스가 다시 따라잡을 경우에도 거북이는 이미 그 지점을 지나쳐버리기 때문이다. 그러나 실제로는 아킬레스가 거북이보다 빨리 달리기 때문에 당연히 경주에서 이기게 되는데 이 주장에 의하면 그렇지 않은 이유는 무엇인가? 아킬레스가 유한 시간 동안에 무한히 많은 점을 지나야한다면 절대 거북이를 따라잡을 수 없다는 것이 이 주장에서의 문제이다. 이 역설을 해결하기 위해서는 무한 개념에 대한 분명한 정의가 필요하다. 현대 수학에서 무한급수의 합이 유한 값이 될 수 있다는 무한급수의 이론에 따르면 이 역설은 쉽게 해결된다.

Chapter 6

수 체계

생각열기

☞ 다음 수들을 보면 생각나는 것들을 이야기해 보세요.

365, 24, 12, 33, 815, 100, 119, 1988, 3.14

901225 - 2482314, 36.5, 010 - 2345 - 1004

☞ 고대의 숫자에는 어떤 것이 있을까요? 그리고 현대수학에서 인도·아라비아 숫자를 사용하고 있는 이유가 무엇인지 생각해봅시다.

우리는 생활 속에서 물건의 개수, 양, 무게, 비율, 거리 등을 모두 수를 사용해서 나타낸다. 또한 가정에서 사용하는 크고 작은 물건, 공장의 기계들, 교통수단인 자동차와 비행기 등도 모두 수를 이용하여 설계하고 제작되며, 이들을 생활에서 이용할 때에도 늘 수가 관련된다. 수를 만물의 근원이라 믿었던 피타고라스학파의 연구를 살펴보면, 수의 아름다움을 잘 느낄 수 있다.

첫째, 피타고라스학파는 생활이 곧 수였으며, 모든 생활을 수로 나타내었다.

1: 모든 자연수는 1을 유한 번 더하여 얻어지므로, 1은 만물의 신성한 창조자이다.

2: 여성을 상징하는 수로 다양한 의미와 연관되어 사용된다.

3: 남성을 상징하는 수로 1과 2의 조합으로 이루어진 조화의 수이다.

4: 정의를 상징한다.

5: 2와 3의 합이므로 혼인을 상징한다.

6: 창조의 수이다.

10: 네 수 1, 2, 3, 4의 합이므로 가장 신성한 수이다.

이와 같이 각각의 수는 평화, 완전, 풍부, 자기연민 등의 의미와 연결된다.

둘째, 아름다운 배열을 이루는 삼각수, 사각수, 오각수 등을 연구하였다.

삼각수 : 1, 3, 6, 10, 15, 21, ⋯

사각수 : 1, 4, 9, 16, 25, 36, …

오각수 : 1, 5, 12, 22, 35, 51, …

셋째, 수를 홀수(odd)와 짝수(even) 또는 소수(prime)와 합성수(composite)로 분류하였으며, 완전수, 과잉수, 부족수, 친화수 등도 정의하였다.

넷째, 음악에 수의 조화를 이용했다. 악기의 줄에서 어느 한 곳을 눌렀을 때 잘 조화된 음을 내는 두 줄 사이의 비를 발견하였다.

초등수학에서 다루는 수의 범위인 유리수(분수)까지의 확장은 가법, 감법, 승법, 제법(0에 의한 제법 제외) 등의 사칙연산을 자유로이 행할 수 있는 범위를 얻기 위한 것이며, 유리수의 범위는 다시 연속성을 고려하여 실수의 범위까지 확장된다. 이러한 관점에서 수의 개념은 자연수에서 시작하여 순차적으로 정수, 유리수, 실수로 확장되어 정의된다.

자연수(natural number, ℕ)

자연수는 수학의 역사상 가장 먼저 발생한 수로써 집합수(cardinal number), 순서수(ordinal number), 이름수(nominal number)의 의미를 지니고 있다. 집합수는 어느 집합에 속하는 원소의 수를 나타내는 것이고, 순서수는 사물을 어떤 특정한 관점에 따라 늘어놓았을 때 그 차례를 나타내는 수이고, 이름수는 사물의 이름 대신에 사용하는 수이다. 이름수는 수학에서 조작의 대상이 아니기 때문에 그 의미로서만 다루어진다.

수학에서 대단히 많은 부분의 무모순성은 매우 기초적인 자연수체계의 무모순성에 의존하도록 만들고자 하였다. 이러한 계획은 19세기 말의 수학자 페아노(G. Peano, 1858-1932), 데데킨트(R. Dedekind, 1831-1916), 칸토어(M. Cantor, 1829-1920) 등에 의해 성공적으로 실현되었으며, 그들의 업적은 수학자들에게 대부분 무모순성에 대해 상당한 안도감을 느끼게 만들었다. 이러한 심리적인 안정감은 자연수 체계에는 대부분의 다른 수학 체계에는 없는 직관적인 단순함이 있고, 자연수들은 어떠한 내적인 모순도 만들어내지 않으며 매우 광범위하게 오랫동안 사용되어 왔다는 사실로부터 기인한다.

자연수론을 전개하는 방법으로는 집합론을 전제로 전개되는 데데킨트의 기수(집합)론적 방법과 페아노의 공리계에 바탕을 둔 순서수적 방법이 널리 알려져 있다.

1) 기수론적 자연수론

자연수 집합을 정의하기 위하여 자연수를 일정한 집합을 사용하여 정의하고자 하는 것으로 각 n을 n개의 원소를 갖는 집합으로 정의하고자 한다. 이 경우에 각 자연수는 유일하게 정의되어야 하므로 각 n에 대해 자연수 n으로 인식할 수 있는 유일한 대상이 존재해야 한다. 따라서 n개의 원소를 갖는 모든 집합들 중에서 정확하게 하나의 집합을 고정시켜 그 집합을 n이라 부르는 방법을 만들어야만 한다. 수의 용도는 표준적인 역할을 하는데 있으므로 자연수 n과 일대일 대응이 가능하면 그 집합은 'n개의 원소를 갖는다'고 말할 수 있을 것이다.

먼저 $0=\varnothing$라고 정의하자. 다음은 '1'을 정의하기 위해 단 하나의 원소로 이루어진 집합을 정의해야 한다. 그래서 $1=\{0\}=\{\varnothing\}$과 같이 정의하자. 이런 방법으로 계속하여

$$2=\{0,\ 1\}=\{\varnothing,\ \{\varnothing\}\}$$
$$3=\{0,\ 1,\ 2\}=\{\varnothing,\ \{\varnothing\},\ \{\varnothing,\ \{\varnothing\}\}\}$$
$$4=\{0,\ 1,\ 2,\ 3\}=\{\varnothing,\ \{\varnothing\},\ \{\varnothing,\ \{\varnothing\}\},\ \{\varnothing,\ \{\varnothing\},\ \{\varnothing,\ \{\varnothing\}\}\}\}\ \cdots$$

등을 정의하자. 다시 말해 A가 집합일 경우 A의 **후자**(successor) A^+을 A에 하나의 원소 즉, A를 원소로 첨가시켜서 $A^+=A\cup\{A\}$라고 정의한다. 따라서 자연수들은 공집합($\varnothing$)으로 시작하여 구성된다. 이와 같은 방법으로 '자연수'라고 부르는 집합을 정의하는 것을 **기수론적 방법**이라 한다. 그러나 이 방법은 단지 숫자 n을 만드는 방법만을 제시하고 있어 모든 자연수들의 집합에 대해서는 아직 무엇이라고 말할 수 없다.

정의 6.1 ▌ 유한집합 A, B의 기수를 각각 $n(A)=a$, $n(B)=b$라 하자. 이때 유한기수 a, b에 대하여 연산과 순서를 다음과 같이 정의한다.

(1) $A\cap B=\varnothing$일 때 $n(A\cup B)=a+b$ (가법)

(2) $n(A\times B)=a\cdot b$ (승법)

(3) $n(A^{B})=a^{b}$

(4) 함수 $f: A\rightarrow B$에 대해 $f(A)\subset B$인 단사함수 f가 존재할 때, $a<b$라 한다. (대소 관계)

예제 6.1 자연수 집합은 덧셈과 곱셈 연산에 대하여 닫혀 있다.

2) 순서수적 자연수론

다음은 자연수에 대한 **페아노의 공리계**(Peano's axiom)이다. 페아노는 자연수, 1, 후자(successor)를 무정의 용어로 하고 이를 바탕으로 하여 자연수 전체의 집합 ℕ의 기본성질을 다섯 가지 공리로 집약하여 제시하였다.

공리

N1. 1은 자연수이다.

N2. x가 자연수이면, x의 후자인 x^{+}도 자연수이다.

N3. 1은 어떠한 자연수의 후자도 아니다.

N4. $x^{+}=y^{+}$이면 $x=y$이다.

N5. (유한 귀납적 공준)M을 다음 조건을 만족시키는 자연수의 집합이라 하자.

(i) M은 1을 포함한다. (ii) M은 x을 포함할 때마다 x^{+}도 포함한다.

그러면 M은 모든 자연수를 포함한다.

N5는 대단히 흥미 있는 공준으로 이것을 **유한 귀납법 공준**(postulate of finite induction)이라 부르며, 모든 자연수를 포함하는 명제들을 증명하는 데 유용한 정리들을 증명할 수 있게 만든다. 그와 같은 정리 중 하나는 종종 **수학적 귀납법**(principle of mathematical induction)이라 언급되는 다음과 같은 정리이다.

정리 6.1 ▌ P(n)을 모든 자연수 n에 대해 정의된 명제라 하자. P(1)이 참이고, P(k)가 참일 때마다 P(k+1)이 참이면, P(n)은 모든 자연수 n에 대해 참이다.

증명 이 정리의 증명은 유한 귀납법 공준으로부터 직접 증명된다. 명제 P(n)이 참인 자연수 전체의 집합 M을 고려하자. 가정에 의해 M은 자연수 1을 포함하고, 자연수 k를 포함할 때마다 자연수 k+1을 포함한다. 따라서 유한 귀납법 공준에 의해 M은 모든 자연수를 포함한다.

이 정리는 수학적 귀납법으로 언급되지만, 귀납법이라는 용어의 특수한 의미와는 전혀 관계가 없다. 귀납적 추론은 특별한 자료로부터 일반적인 결론을 유도해내는 것이다. 보기를 들면, 태양은 과거에 대단히 많이 동쪽에서 떠올랐기 때문에, 내일 아침에도 동쪽에서 떠오를 것이라고 결론지을 수 있다. 이와 같은 추론에서, 결론은 **반드시** 유도되는 결론이 아니라 **대체로** 유도되는 결론이다. 이런 종류의 추론은 논리적 전개에서 분명히 받아들일 수 없다. 통상적인 의미에서의 귀납법은 처음에 일반적인 명제 P(n)을 **추측**하기 위해 종종 사용된다. 즉, P(1), P(2), P(3)와 같은 P(n)의 몇 가지 경우에 대한 관찰로부터 P(n)을 추측할 수 있다. 그러나 방금 설명한 소위 수학적 귀납법에 의한 P(n)의 엄밀한 증명은 순수한 연역적 과정이다.

어떤 최초 원소로부터 출발해서 원소들의 순서 있는 나열이라는 자연수에 대한 일반적인 개념과 페아노의 공준 집합은 밀접하게 연결된다. 페아노의 공준 집합을 조심스럽고 자세하게 전개한 과정 및 이것으로부터 실수 체계에 대한 정의적 접근을 시도한 내용이 많은 문헌에 실려 있다.

정의 6.2 ▌ 임의의 m, n∈ℕ에 대하여 연산과 순서를 다음과 같이 정의한다.

(1) $n+1=n^+$, $n+n^+=(n+m)^+$ (가법)

(2) $n \cdot 1=n$, $n \cdot m^+=n \cdot m+n$ (승법)

(3) $n=m+k$ 인 $k\in\mathbb{N}$이 존재할 때 $n>m$이라 한다. (대소 관계)

위의 공리와 정의 및 정리를 사용하여 다음의 성질을 얻을 수 있다.

정리 6.2 ▌ 임의의 a, b, c∈ℕ에 대하여 $a+b\in\mathbb{N}$, $a \cdot b\in\mathbb{N}$이고, 다음의 성질이 성립한다.

(i) $(a+b)+c=a+(b+c)$, $a+b=b+a$

(ii) $(a \cdot b) \cdot c=a \cdot (b \cdot c)$, $a \cdot b=b \cdot a$

(iii) $a \cdot (b+c)=a \cdot b+a \cdot c$, $(b+c) \cdot a=b \cdot a+c \cdot a$

(iv) $a+b=a+c \Rightarrow b=c$, $a \cdot b=a \cdot c \Rightarrow b=c$

(v) $a>b \Rightarrow a+c>b+c$, $a \cdot c>b \cdot c$

증명 (i) $(a+b)+c=a+(b+c)$을 수학적 귀납법을 사용하여 증명해보자. 자연수 a, b를 고정시키고 $M=\{c\in\mathbb{N} \mid (a+b)+c=a+(b+c)\}$라 놓았을 때 $M=\mathbb{N}$임을 보이면 된다. 그런데,

$$(a+b)+1=(a+b)^+=a+b^+=a+(b+1)$$

이므로 $1\in M$이다. 다음으로 $k\in M$, 즉 $(a+b)+k=a+(b+k)$라 하면,

$$(a+b)+k^+=\{(a+b)+k\}^+=\{a+(b+k)\}^+=a+(b+k)^+=a+(b+k^+)$$

이다. 따라서 $k^+\in M$이다.

자연수 체계에 대한 공준 집합의 결과들은 **수론**(theory of numbers)이라 부르는 매우 흥미 있는 수학의 분야를 형성한다. 이 분야는 아마추어 수학자들에게 많은 오락 거

리를 제공했을 뿐만 아니라 수학의 천재들도 증명하거나 반증할 수 없는 명제들의 집합을 제공해 왔다.

정수(integer, ℤ)

자연수 집합은 덧셈과 곱셈에 관해서만 닫혀있고 뺄셈과 나눗셈에 대해서는 닫혀있지 않으므로 연산을 자유롭게 이루어질 수 있도록 하기 위해서는 수의 집합을 확장하는 것이 필요하다. 따라서 덧셈, 뺄셈, 곱셈 연산에 대해 닫혀있는 정수 집합을 구성해 보자.

정수의 집합 ℤ는 크로네크(L. Kronecker, 1823-1891)의 방법에 의하여 자연수 체계 ℕ으로부터 다음과 같이 형식적으로 정의된다.

자연수집합 ℕ은 가법에 관하여 닫혀있다. 즉, 모든 m, n∈ℕ에 대하여 $m+n=k\in\mathbb{N}$이므로 $k-m=n$, $k-n=m$이라 정의하여 감법(subtraction)을 도입한다. 모든 m, n∈ℕ에 대하여 $(m, n)=m-n$으로 정의하면, $m>n$일 때만 (m, n)∈ℕ이고, $m\le n$이면 (m, n)∉N이다. 따라서 자연수 집합은 감법에 닫혀있지 않으므로 감법에 관하여 닫혀있기 위해서는 새로운 수의 첨가가 필요하다.

$$Z_R=\mathbb{N}\times\mathbb{N}=\{(m,\ n)\mid m,\ n\in N\}$$

라 놓고 Z_R에 이항관계 '~'를 다음과 같이 정의한다.

모든 (m, n), (x, y)∈ Z_R에 대하여

$$(m,\ n)\sim(x,\ y)\Leftrightarrow m+y=n+x$$

로 정의하면, 이항관계 '~'는 동치관계이다. 그러므로 동치관계 '~'에 의하여 Z_R은 동치류로 분할되기 때문에 $\mathbb{Z}=Z_R/\sim$ 라고 둔다. 여기서 $(m, n)\in Z_R$가 대표원으로 된 ℤ의 원소를 [m, n]($[m, n]=\{(x, y)|(m, n)\sim(x, y)\}$)이라 놓고, 이것을 **정수**(integer)라 한다. 즉, 정수의 집합

$$\mathbb{Z}=\{\,[m,\ n]\mid m,\ n\in\mathbb{N}\}$$

이다. 여기에서 $[n, n]=0$, $[n+1, 1]=n$, $[1, n+1]=-n$으로 쓰기로 하면 정수의 집합 $\mathbb{Z}$는 $\mathbb{N}$(또는 Z^{+})$\cup\{0\}\cup Z^{-}=\{-1, -2, -3, \cdots\}$와 동형(isomorphic)이 된다. 이것을 편의상 $\mathbb{Z}=\{\cdots, -2, -1, 0, 1, 2, \cdots\}$라 놓고, $\mathbb{Z}$에 속한 원소를 정수라 부르고 특히 Z^{-}를 음의 정수(negative integer)의 집합, Z^{+}(또는 $\mathbb{N}$)을 양의 정수(positive integer) 집합 또는 자연수의 집합이라고 한다.

정의 6.3 | 임의의 $[a, b], [c, d] \in \mathbb{Z}$에 대하여 연산과 순서를 다음과 같이 정의한다.

(1) $[a, b]+[c, d]=[a+c, b+d]$ (가법)

(2) $[a, b]-[c, d]=[a+d, b+c]$ (감법)

(3) $[a, b]\cdot[c, d]=[ac+bd, ad+bc]$ (승법)

(4) $[a, b]<[c, d] \Leftrightarrow a+d<b+c$ (대소 관계)

유리수(rational number, $\mathbb{Q}$)

과학문명의 발달과 더불어 실생활에서는 정수만으로 표현할 수 없는 경우들이 생겨나게 되고 보다 작은 단위를 표현할 수 있는 수의 필요성이 제기되었다. 이에 분수가 도입되어 수의 이론전개가 확대되었으며 나눗셈이 항상 가능한 수의 집합을 정의하기 위하여 유리수집합이 도입되었다.

유리수집합 $\mathbb{Q}$는 정수체계 $\mathbb{Z}$로부터 다음과 같이 형식적으로 정의된다.

모든 $m, n, p\in\mathbb{Z}$에 대하여 $m\cdot n=p\in\mathbb{Z}$이므로 $p\div m=n$, $p\div n=m$ $(m, n\neq 0)$이라 정의하여 제법(division)을 도입한다. 이것을 $(p, m)=p\div m$, $(p, n)=p\div n$으로 표시하면, 어떤 $n\in\mathbb{Z}$이 존재하여 $p=m\cdot n$ 일 때만 $(p, m)\in\mathbb{Z}$이고, 그렇지 않은 경우는 $(m, n)\notin\mathbb{Z}$이다. 따라서 정수 집합은 제법에 닫혀있지 않으므로 제법에 관하여 닫혀있기 위해서는 새로운 수의 첨가가 필요하게 된다.

$$Q_R = \mathbb{Z} \times Z^* = \{(m,\ n) \mid m \in \mathbb{Z},\ n \in Z^*\}\ \ (Z^* = \mathbb{Z} - \{0\})$$

라 놓고 Q_R에 이항관계 '～'를 다음과 같이 정의한다.

모든 (m, n), (x, y)∈ Q_R에 대하여

$$(m,\ n) \sim (x,\ y) \Leftrightarrow m \cdot y = n \cdot x$$

로 정의하면, 이항관계 '~'는 동치관계이다. 따라서 동치관계 '~'에 의하여 Q_R은 동치류로 분할되기 때문에 $\mathbb{Q} = Q_R/\sim$ 라고 둔다. 여기서 (m, n)∈Q_R가 대표원으로 된 $\mathbb{Q}$의 원소를 [m, n]([m, n]={(x, y)|(m, n)~(x, y)})이라 놓고, 이것을 **유리수**(rational number)라고 한다. 즉, 유리수의 집합

$$\mathbb{Q} = \{\ [m,\ n] \mid m \in Z,\ n \in Z^*\}$$

이다. 이때 $[m,\ n] = \left[\dfrac{n}{m}\right]$이라 두고 $\left[\dfrac{n}{m}\right]$을 분수(fraction)라고 한다. 그러므로 유리수는 분수로 표시된다.

정의 6.4 ▌ 임의의 [a, b], [c, d] ∈ $\mathbb{Q}$에 대하여 연산과 순서를 다음과 같이 정의한다.

(1) [a, b]+[c, d]=[ad+bc, bd] (가법)

(2) [a, b]−[c, d]=[ad−bc, bd] (감법)

(3) [a, b]·[c, d]=[ac, bd] (승법)

(4) [a, b]÷[c, d]=[a, b]·[d, c] (제법)

(5) [a, b]<[c, d] ⇔ a·d<b·c (대소 관계)

실수(real number, $\mathbb{R}$)

자연수에서 유리수까지는 연산과 관련하여 대수적인 방법으로 확장되지만 유리수에서 실수로의 확장은 연속성에 대한 명확한 정의가 요구되어짐에 따라 새로운 방법을 고안해야만 한다. 실수체계를 구성하는 방법에는 데데킨트의 절단(cut)에 의한 방법, 칸토어가 고안한 유리수의 정규 수열에 관한 개념에 근거한 방법, 실수의 소수 전개에 근거한 방법 등이 있다. 여기에서는 유리수집합에서의 데데킨트 절단에 의한 방법으로 실수집합을 정의하고자 한다.

정의 6.5 ▌ [데데킨트의 절단]

공집합이 아닌 두 집합 A, B가 유리수 집합 $\mathbb{Q}$의 부분집합으로 다음의 조건을 만족할 때, 두 집합 A, B를 유리수의 **절단**(cut)이라 하고, $(A|B)$로 표기한다.

(1) $\mathbb{Q}=A\cup B$

(2) $\forall a\in A,\ \forall b\in B,\ a<b$

예제 6.2 집합 $A=\{x\in\mathbb{Q}\ |x<2\}$와 $B=\{x\in\mathbb{Q}\ |x\geq 2\}$는 유리수집합에서의 데데킨트의 절단 $(A|B)$이 된다. 왜냐하면 $A\cup B=\mathbb{Q}$이고 A의 모든 원소들은 B의 모든 원소보다 작으므로 위의 정의에 따라 데데킨트의 절단이 됨을 알 수 있다.

예제 6.3 집합 $A=\{x\in\mathbb{Q}\ |x^2\leq 2\}\cup\{x\in\mathbb{Q}\ |x\leq 0\}$와 $B=\{x\in\mathbb{Q}\ |x^2\geq 2\}\cap\{x\in\mathbb{Q}\ |x\geq 0\}$는 유리수집합에서의 데데킨트의 절단 $(A|B)$가 된다.

유리수집합에서의 데데킨트 절단 $(A|B)$는 다음과 같이 세 가지 형태가 있다.

(a) 집합 A가 최대 원소 a를 갖고 집합 B는 최소 원소를 갖지 않는다.

(b) 집합 A는 최대 원소를 갖지 않고 집합 B는 최소 원소 b를 갖지 않는다.

(c) 집합 A는 최대 원소를 갖지 않고 집합 B도 최소 원소를 갖지 않는다.

위의 (a) 또는 (b) 형태인 유리수 집합에서의 데데킨트 절단을 **유리절단**이라 부르고, (c) 형태의 데데킨트 절단을 **무리절단**(irrational cut)이라 한다. 그리고 유리 및 무리절단 (A|B) 전체의 집합을 **실수 전체의 집합** $\mathbb{R}$로 정의한다.

예제 6.4 $\sqrt{2}$ 는 유리수가 아님을 보이시오.

참고 실수 전체의 집합 $\mathbb{R}$은 다음과 같은 성질이 있다.

(1) 임의의 $x \in \mathbb{R}$에 대하여 $x^2 \geq 0$이다.

(2) $\mathbb{R}$은 사칙연산에 관하여 닫혀있다. (단, 0으로 나누는 것은 제외)

(3) $\mathbb{R}$은 일직선상의 점과 일대일대응(one-to-one correspondence)이다.

위의 성질 (3)은 유리수 전체집합 $\mathbb{Q}$에 없는 성질로서 **실수의 연속성**(continuity)을 의미한다.

학교수학

1. 수의 개념 이해

(1) 집합수와 순서수 (초등 1)

수를 세어 봅시다.

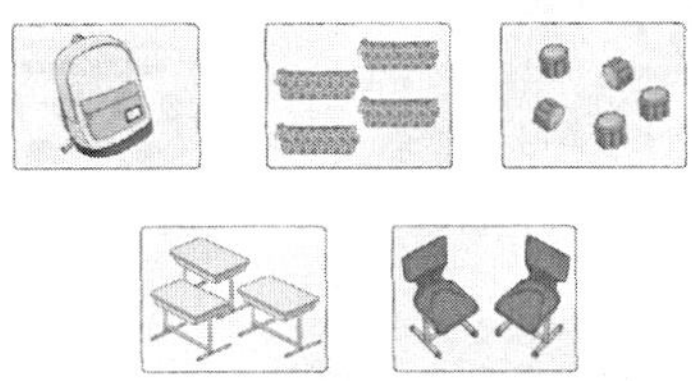

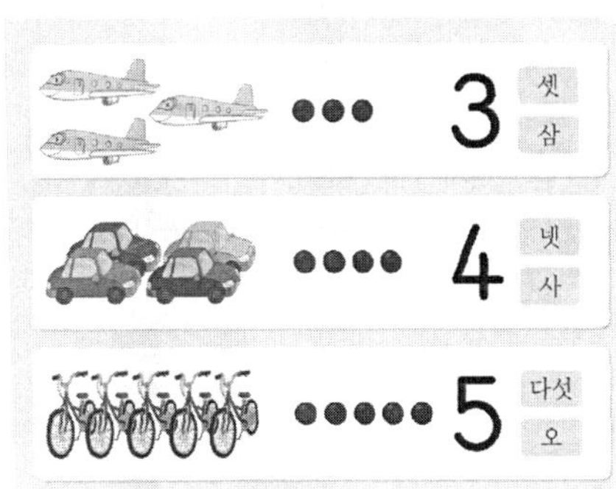

(집합수)

순서를 알아봅시다.

- 넷째는 누구일까요?
- 수일이는 몇째일까요?

(순서수)

(2) 큰 수 알아보기 (초등 4)

조를 알아봅시다.

- 1000억이 10개인 수를 알아보세요.

1000억이 10개인 수를 1000000000000 또는 1조라 쓰고, 조 또는 일조라고 읽습니다.
1조가 2348개이면 2348000000000000 또는 2348조라 쓰고, 이천삼백사십팔조라고 읽습니다.

- 2348000000000000는 얼마만큼의 수인지 알아보세요.

2	3	4	8	0	0	0	0	0	0	0	0	0	0	0	0
천	백	십	일	천	백	십	일	천	백	십	일	천	백	십	일
			조				억				만				일

2. 수집합의 확장 (초등 3)

(1) 분수와 자연수

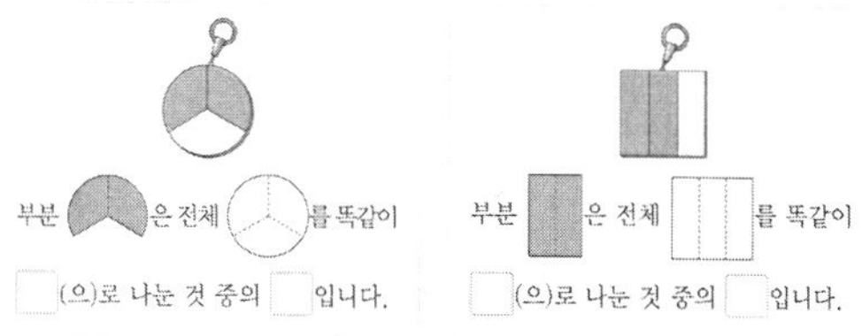

전체를 똑같이 2로 나눈 것 중의 1을 $\frac{1}{2}$이라 쓰고 2분의 1이라고 읽습니다.

전체를 똑같이 3으로 나눈 것 중의 2를 $\frac{2}{3}$라 쓰고 3분의 2라고 읽습니다.

$\frac{1}{2}$, $\frac{2}{3}$와 같은 수를 분수라고 합니다.

$\frac{1}{2}$ ← 분자, ← 분모 $\frac{2}{3}$ ← 분자, ← 분모

$\frac{1}{4}$, $\frac{2}{4}$, $\frac{3}{4}$과 같이 분자가 분모보다 작은 분수를 진분수라고 합니다.

$\frac{4}{4}$, $\frac{5}{4}$와 같이 분자가 분모와 같거나 분모보다 큰 분수를 가분수라고 합니다.

$\frac{4}{4}$는 1과 같습니다. 1, 2, 3과 같은 수를 자연수라고 합니다.

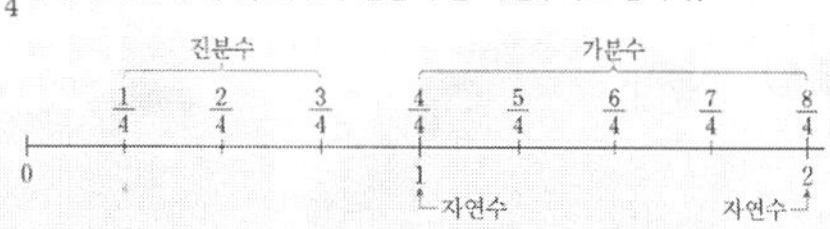

(2) 소수(decimal number)

• 1 cm를 똑같이 10으로 나누었을 때 ▬ 부분을 분수로 나타내어 보세요.

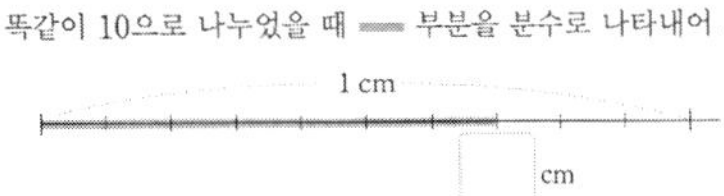

• ▬ 부분을 분수가 아닌 다른 방법으로 나타내어 보세요.

$\frac{1}{10}$, $\frac{2}{10}$, $\frac{3}{10}$ …… $\frac{9}{10}$를 0.1, 0.2, 0.3 …… 0.9라 쓰고

영 점 일, 영 점 이, 영 점 삼 …… 영 점 구라고 읽습니다.

0.1, 0.2, 0.3과 같은 수를 소수라 하고 '.'을 소수점이라고 합니다.

연습문제

1. 다음 집합의 특징을 조사하여라.
   (1) 자연수의 집합 $\mathbb{N}$
   (2) 정수의 집합 $\mathbb{Z}$
   (3) 유리수의 집합 $\mathbb{Q}$
   (4) 실수이 집합 $\mathbb{R}$
   (5) 3의 배수의 집합
   (6) 소수의 집합

2. 무리수(irrational number)의 기원에 대하여 설명해보시오.

3. “두 분수가 서로 같고 그것들의 분자가 서로 같으면, 그것들의 분모도 또한 서로 같다.”와 같은 문제를 생각해보자. 다음 방정식을 풀려고 한다.

$$\frac{x+5}{x-7}-5=\frac{4x-40}{13-x}$$

왼쪽 변의 항들을 계산하면

$$\frac{(x+5)-5(x-7)}{x-7}=\frac{4x-40}{13-x} \quad \text{또는} \quad \frac{4x-40}{7-x}=\frac{4x-40}{13-x}$$

이다. 위의 정리에 따라 7-x=13-x 또는 양변에 x를 더해 7=13을 얻는다. 무엇이 잘못되었는가?

4. n이 임의의 자연수일 때, 수학적 귀납법을 사용해서 다음을 증명하여라.
   (1) $1^2+2^2+\cdots+n^2=n(n+1)(2n+1)/6$
   (2) $1^3+2^3+\cdots+n^3=\{n(n+1)/2\}^2$
   (3) 8^n-3^n은 5로 나누어 떨어진다.
   (4) $a \geqq -1$이면, $(1+a)^n \geqq 1+na$
   (5) a^n-b^n은 $a-b$로 나누어 떨어진다.

읽을거리

수의 셈법

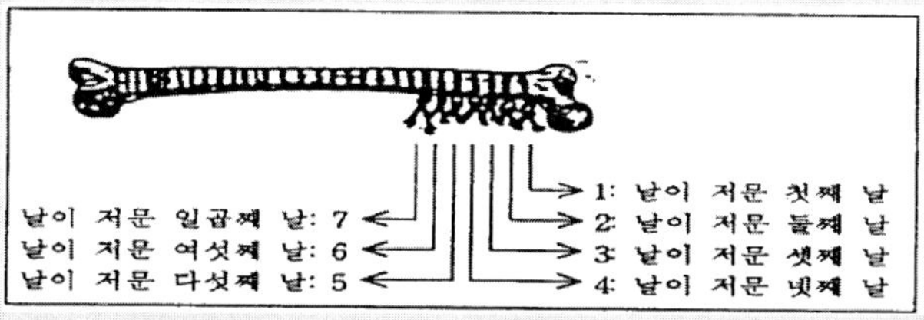

수를 센 방법에는 매듭을 이용한 방법이 있는데 30개의 눈금이 새겨진 뼈에 매일 해질녘이 되면 노끈을 차례로 두르거나 노끈에 매듭을 만들어서 수를 나타내고 셈을 할 수도 있었을 것이다. 여러 문화권에서 초기의 셈법으로 활용했던 이 방법이 인간의 지성에 의해 수학적으로 의식화된 것은 이로부터 엄청난 세월이 흐른 후인 최근에야 가능했던 일이라 할 수 있다.

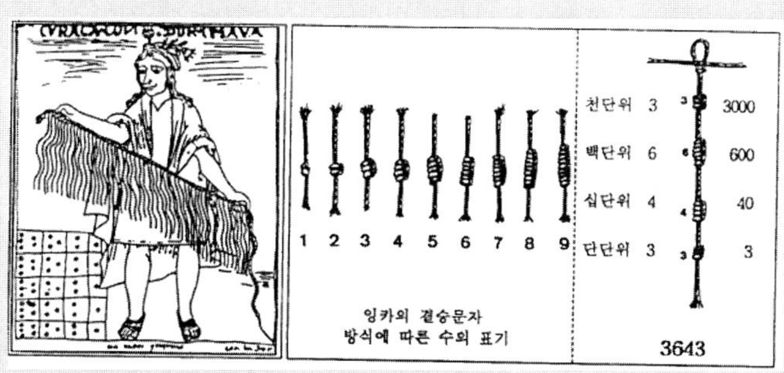

잉카의 결승 문자도 비슷한 방법이었다. 결승 문자란 매듭의 개수를 가지고 수를 나타내었던 것을 말하며, 일의 자리, 십의 자리, 백의 자리, 천의 자리마다 간격을 두어 매듭을 함으로써 한 줄에 모든 수를 나타내었다.

더 원시적인 형태의 일대일 대응은 원시인들이 주변에서 손쉽게 구할 수 있는 것과 일대일 대응이다. 원시인들은 신체의 적절한 부분을 짚어나감으로써, 작은 수들을 나타내었다. 뉴기니 파퓨아족은 이러한 방법으로 수를 나타내었다.

그러나 중국의 계산가들은 단지 한손(오른손)으로 10만까지, 두 손으로 100억까지 헤아릴 수 있는 체계를 성립시켰다니 이는 실로 놀라운 일이다. 이러한 과정을 말로 나타내지는 않았다.

우리 조상들의 수

우리 조상들이 사용한 수체계의 특징은 중국의 영향으로 중국과 같은 수 기호와 산목을 이용하였고, 서민들은 근대에 이르기까지 결승이나 탤리형식으로 수를 표현 하였다.

① 3045			𝍫		𝍬	𝍤
② 146039	𝍩	𝍣	𝍮		𝍫	𝍨
③ 6973			𝍮	𝍨	𝍯	𝍢
④ 73600		𝍦	𝍫	𝍥		

재미있는 것은 원래 책읽기를 좋아하는 우리 민족은 5진법을 사용한 서산이라는 도구를 만들었다. 이 도구는 한번 읽을 때마다 길쭉한 뚜껑모양의 종지를 하나씩 뒤로 젖혀 몇 번 읽었는가를 표시를 하였는데, 이 서산은 일 단위가 밑에 5개라서 5번을 읽었을 때 뚜껑을 젖히고 덮었다 위에 것을 젖혀야 하니 귀찮아서 나중에는 4개짜리 서산을 사용하였다.

점자 수체계

점자 수는 2개의 점과 3개의 점으로 구성되어 있습니다. 점자판에서 숫자가 나올 경우는 나타내는 문자가 숫자임을 알도록 하기 위해 영문자 'L'를 뒤집어 놓은 모양을 숫자 앞에 붙입니다.

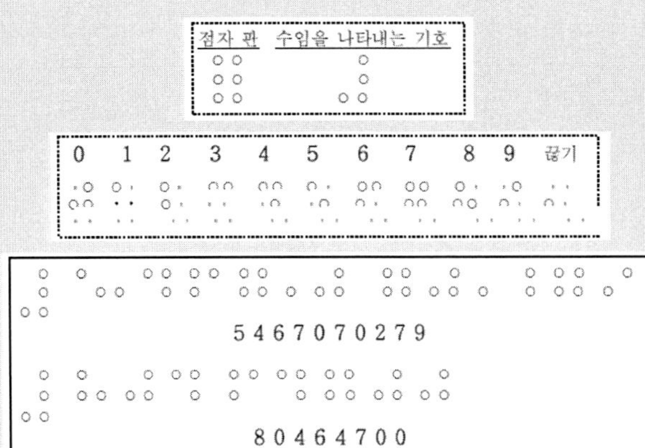

Chapter 7 약수와 배수

생각열기

☞ '서로소의 날'이란 3월 14일과 같이 a월 b일에서 두 수 a, b가 서로 소인 날을 말한다. 오늘은 서로 소의 날인가? 일년 중에서 서로소의 날이 가장 적은 달은?

⇨ 6월은 서로소의 날이 1, 5, 7, 11, 13, 17, 19, 23, 25, 29일로 10일 뿐이며, 서로소의 날이 가장 적은 달이다.

☞ 소주 한 변은 7잔이다. 7잔의 비밀은 무엇일까?

⇨ 소주 회사에서는 판매량을 늘리기 위하여 소주 한 병을 7잔이 되도록 만들었다. 7잔은 2명 또는 3명이 다같이 한 잔씩 마시려면 한 두 잔이 모자란다. 4명, 5명, 또는 6명이 마셔도 항상 몇 잔이 모자란다.

정수론(整數論, number theory) 또는 수론(數論)은 수를 다루고 정수의 성질을 연구하는 수학의 한 분야로써 수학의 발전은 정수론과 함께 하여 왔다. 수학의 왕이라 불리는 가우스(Gauss, 1799～1830)는 정수론을 크게 발전 시켰으며 그 역할과 아름다움에 매료되어 "수학은 과학의 여왕이요, 정수론은 수학의 여왕이다"라고 하였다. 정수론은 크게 소수[8]에 대한 연구와 방정식의 정수해에 대한 연구로 나눌 수 있으며, 일반인들에게는 매우 추상적이고 실용성이 없는 학문으로 느껴질 수 있지만 최근 컴퓨터와 응용과학이 발전하면서 암호학, 부호이론 등에서 중요한 위치를 차지하고 있다. 이번 장에서는 초·중등 교육에서 활용될 수 있는 정수의 기초적인 성질을 다루고자 한다.

최대공약수와 최소공배수

약수와 배수는 초등학교 5학년부터 고등학교 1학년에 다항식의 약수와 배수까지 상당히 오랫동안 배우고 무의식적으로 사용하고 있다. 약수와 배수를 다루기 전 정수에 관한 기본성질은 어떤 것이 있는가?

---

8) 1과 자신 이외에 약수가 없는 양의 정수

- 정수는 덧셈과 곱셈의 연산에 닫혀있다.
- 두 연산에 대한 교환법칙, 결합법칙을 만족하고, 항등원이 존재하며 각 원소는 덧셈에 대한 역원을 가진다.
- 두 연산에 대한 소거법칙을 만족하고, 덧셈에 대한 곱셈의 배분법칙을 만족한다.
- 대소관계에 관한 삼분법을 만족하고, 몇 가지 부등식에 대한 성질을 만족한다.

약수와 배수의 수학적 정의는 다음과 같다.

정의 7.1 ▌ 임의의 정수 $a, b(b \neq 0)$에 대해서 $a = bq$가 되는 q가 존재할 때, b를 a의 **약수**(divisor) 또는 **인수**(factor)라 하고 a를 b의 **배수**(multiple)라 한다. 기호 $b|a$라 표시하며 "b는 a를 나눈다", "a는 b로 나누어진다"라고 말한다.

예를 들어, $27=9 \cdot 3$이므로 $9|27$로 표시할 수 있으며, $12=5 \cdot q$를 만족하는 정수 q가 없으므로 5는 12를 나눌 수 없다. 위의 정의를 살펴보면, 모든 정수 a는 $a=1 \cdot a$이므로 a와 1이 약수가 된다. 모든 정수는 0을 나눌 수 있고, 0은 모든 정수의 약수가 될 수 없다.

정리 7.1 ▌ 정수 a, b, c에 대하여

(i) $a|a$이다.

(ii) $a|b$이고 $b|c$이면 $a|c$이다.

(iii) $b|a$이고 $b|c$일 필요충분조건은 임의의 $m, n \in \mathbb{Z}$에 대하여 $b|(ma+nc)$이다.

증명 (ii) $a|b$이고 $b|c$이면 $b=am$이고 $c=bn$이다. 그럼 $c=bn=(am)n=a(mn)$이다. 따라서 $a|c$이다.

(iii) $b|a$이고 $b|c$라 가정하자. 임의의 정수 p, q에 대해 $a=bp$이고 $c=bq$이다. 그럼 $ma+nc=m(bp)+n(bq)=b(mp)+b(nq)=b(mp+nq)$이다. 따라서 $b|(ma+nc)$이다.

반대로, 임의의 정수 m, n에 대하여 $b \mid (ma+nc)$라 가정하자. 그러면 만약 $m=1$이고 $n=0$이면, $b \mid a$이다. 만약 $m=0$이고 $n=1$이면 $b \mid c$이다. □

다음은 정수론의 기초산술에서 가장 중요한 정리 중 하나이다. 양의 정수 b가 양의 정수 a를 나눌 때 a보다 작은 나머지 r를 가진다.

정리 7.2 ▌ [나눗셈 정리, division algorithm]

임의의 정수 $a, b(b \neq 0)$에 대해서

$$a = bq + r, \quad 0 \leq r < |b|$$

인 정수 q, r이 유일하게 존재한다. 이 때 q를 **몫**(quotient), r를 **나머지**(remainder)라 한다.

만약 $a<b$이면 $q=0$이다. b가 a의 약수일 필요충분조건은 a를 b로 나눈 나머지가 0이여야 한다.

다음은 영이 아닌 두 정수 a, b에 대한 최대공약수와 최소공배수에 대해 살펴보자. 두 수의 공통인 약수를 두 수의 **공약수**(common divisor)라 한다. 즉, 두 정수 a, b $(a \neq 0, b \neq 0)$에 대하여 $e|a$이고 $e|b$인 정수 e를 말한다. 또한 두 수의 공약수 중에서 가장 큰 수를 **최대공약수**(greatest common divisor)라 한다. 최대공약수의 수학적 정의는 아래와 같다.

정의 7.2 ▌ 두 정수 a, b에 대하여

(1) $d|a$ 이고 $d|b$,

(2) $c|a$이고 $c|b$이면 $c|d$를 만족하는 유일한 양의 정수 d를 a와 b의 **최대공약수**(greatest common divisor)라 한다. a와 b의 최대공약수를 기호로 $\gcd(a,b)$라 표시한다.

만약 $\gcd(a,b)=1$일 때, a와 b를 **서로소**(relatively prime)라고 한다. 만약 $b|a$이면 $\gcd(a,b)=|b|$이고, $\gcd(a,b)=\gcd(-a,b)=\gcd(a,-b)=\gcd(-a,-b)$를 만족한다.

다음 정리는 최대공약수에 관한 성질을 나타낸다.

정리 7.3 ▌ 임의의 정수 $a, b(b \neq 0)$에 대해서 다음 성질이 성립한다.

(i) $\gcd(ab,c)=1 \Leftrightarrow \gcd(a,c)=\gcd(b,c)=1$

(ii) $\gcd(a,b)=1,\ a|bc \Leftrightarrow a|c$

(iii) $\gcd(a,b)=1$ 일 때, $a|c,\ b|c \Leftrightarrow ab|c$

두 정수의 모든 약수들을 알고 있다면 그들을 비교하여 최대공약수를 찾는다. 두 큰 수의 최대공약수를 찾는 쉬운 방법이 있다. 이를 **유클리드 호제법**(Euclidean algorithm)이라 한다.

정리 7.4 ▌ 임의의 정수 $a, b(b \neq 0)$, q, r에 대해서

만약 $a=bq+r,\quad 0 \le r < |b|$ 이면, $\gcd(a,b)=\gcd(b,r)$이다.

증명 $\gcd(a,b)=d$라 두자. 그러면 $d|a$, $d|b$ 그리고 $d|r$ ($\because\ r=a-bq$) 이다. 그러면 d는 b와 r의 공약수이다.

$\gcd(a,b)=d$이므로, $d=as+bt$를 만족하는 정수 s, t가 존재한다. 만약 $e|b$, $e|r$이면 $e|a$ ($\because a=bq+r$)이다. 따라서 e는 a와 b의 공약수이고, $e|d$이다. 따라서 $d=\gcd(b,r)$이다.

□

정리 7.5 ▌ **[유클리드 호제법]**

양의 정수 a, b에 대해, 알고리즘은 다음과 같이 반복된다:

$$a=bq_0+r_0,\qquad 0 \le r_0 < b$$

$$b=r_0q_1+r_1,\qquad 0 \le r_1 < r_0$$

$$r_0 = r_1 q_2 + r_2, \qquad 0 \le r_2 < r_1$$
$$r_1 = r_2 q_3 + r_3, \qquad 0 \le r_3 < r_2$$
$$\vdots$$
$$r_k = r_{k+1} q_{k+2} + r_{k+2}, \quad 0 < r_{k+2} < r_{k+1}$$

이때 $r_k = 0$인 r_k가 존재한다. $r_s = 0$인 첫 번째 정수를 s라고 하면, $s > 0$이면 $r_{s-1} = \gcd(a,b)$이고 $s = 0$이면 $b = \gcd(a,b)$이다.

또한 $\gcd(a,b) = \gcd(b,r_0) = \gcd(r_0,r_1) = \ldots = \gcd(r_{n-1},r_n)$.

예제 7.1 최대공약수 gcd(348,243)를 유클리드 호제법을 이용하여 구하시오.

증명

$$348 = 243 \times 1 + 105, \qquad (a = b \times q_0 + r_0)$$
$$243 = 105 \times 2 + 33, \qquad (b = r_0 \times q_1 + r_1)$$
$$105 = 33 \times 3 + 6, \qquad (r_0 = r_1 \times q_2 + r_2)$$
$$33 = 6 \times 5 + 3, \qquad (r_1 = r_2 \times q_3 + r_3)$$
$$6 = 3 \times 2 + 0 \qquad (r_2 = r_3 \times q_4)$$

이다.

따라서 $s = 4$이고 $\gcd(348,243) = \gcd(243,105) = \gcd(105,33) = \gcd(33,6) = \gcd(6,3) = 3$ 이다.

유클리드 호제법을 역으로 이용하면 일차부정방정식의 해를 구할 수 있다.

정리 7.6 ❙ $\gcd(a,b) = d$일 때, $ax + by = d$인 정수 x, y가 반드시 존재한다.

증명 증명은 독자에게 남긴다.

예제 7.2 앞의 보기 gcd(348,243) = 3일 때 348x + 243y = 3를 만족하는 정수 x와 y를 구하시오.

증명 먼저 348를 a, 243를 b라 두자. 첫 번째 식에서

$$105 = a - 1 \times b.$$

두 번째 식에서

$$\begin{aligned} 33 &= b - 2 \times 105 \\ &= b - 2 \times (a - 1 \times b) \\ &= 3 \times b - 2 \times a \end{aligned}$$

다음으로,

$$\begin{aligned} 6 &= 105 - 3 \times 33 \\ &= (a - 1 \times b) - 3 \times (3 \times b - 2 \times a) \\ &= 7 \times a - 10 \times b \end{aligned}$$

마지막으로

$$\begin{aligned} 3 &= 33 - 5 \times 6 \\ &= (3 \times b - 2 \times a) - 5 \times (7 \times a - 10 \times b) \\ &= 55 \times b - 37 \times a \end{aligned}$$

따라서, $3 = 348 \times (-37) + 243 \times 55$를 얻는다.

두 수의 공통인 배수를 두 수의 **공배수**(common multiple)라 하고, 공배수 중에서 가장 작은 수를 두 수의 **최소공배수**(least common multiple)이라 한다. 최소공배수에 대한 수학적 정의는 다음과 같다.

> **정의 7.3** ▌ 영이 아닌 두 정수 a, b에 대하여 다음의 두 가지 조건을 만족하는 유일한 양의 정수 m를 a와 b의 **최소공배수**(least common multiple)라 한다.
>
> (1) $a|m$ 이고 $b|m$
>
> (2) $a|c$이고 $b|c$이면 $m|c$

a와 b의 최소공배수를 기호로 $l = [a,b]$ 또는 $l = lcm(a,b)$로 표시한다. 0의 배수는 0이고, 0의 약수는 모든 정수가 된다. 두 양의 정수 a, b에 대해서, $[a,b] = |ab|/\gcd(a,b)$를 만족한다.

배수판정법

정의 7.1에서 두 정수 a, b에 대해 $b=aq$를 만족할 때 b를 a의 **배수**라고 정의하였다. 주어진 정수가 어떤 자연수의 배수인지 확인하는 방법을 **배수판정법**이라 한다. 수가 작을 때에는 나눗셈을 이용하여 어떤 수의 배수인지를 확인할 수 있으나 수가 클 때에는 나눗셈을 이용하여 계산하는데 시간도 오래 걸리고 틀린 답이 나올 수 있어 배수판정법을 이용한다.

배수를 판정하는 가장 간단한 방법은 끝수를 이용하는 방법이다. 24, 348은 끝수인 4, 8이 2의 배수임을 이용하여 2의 배수임을 알 수 있으며, 235와 1345730과 같이 끝이 5의 배수를 이용하여 주어진 수가 5의 배수임을 알 수 있다. 끝수를 이용하여 배수를 판정할 수 있는 수들은 적당한 수를 곱했을 때 10, 100, 1000,…을 만들 수 있는 수들이다.

네 자리 수를 abcd로 나타내자. 이 수를 자리값이 나타나도록 하면

$$abcd = a\times 1000 + b\times 100 + c\times 10 + d$$

위의 식에서 10, 100, 1000, …은 모두 2의 배수이므로 d가 2의 배수이면 나머지 a, b, c와 상관 없이 abcd는 항상 2의 배수가 된다. 또한 10, 100, 1000, …은 5의 배수이면서 10의 배수이므로 끝의 자리만 5의 배수인지 10의 배수인지를 확인하면 된다.

예제 7.3 끝수를 이용한 배수판정법을 이용하여, 4의 배수, 8의 배수와 10의 배수의 판정기준을 세워보시오.

각 자리 숫자의 합을 이용한 배수판정을 알아보자. 네 자리 수를 나타내는 abcd에서 각 자리값을 3으로 나눈 몫과 나머지를 이용하여 다음과 같이 나타낼 수 있다.

$$\begin{aligned} abcd &= a\times(999+1) + b\times(99+1) + c\times(9+1) + d \\ &= 3\times(333a+33b+3c) + (a+b+c+d) \end{aligned}$$

위와 같이 표현한 식이 바로 각 자리 숫자의 합으로 3의 배수(또는 9의 배수)를 판정할 수 있다.

예제 7.4 6, 12, 14, 15, 18의 수에 대한 배수판정기준을 세워보시오.

다음은 7과 11의 배수판정법에 대해 알아보자. 먼저 7의 배수를 찾는 고전적인 방법은 ①일의 자리부터 시작하여 커지는 방향으로 각 자리 수에 1, 3, 2, 6, 4, 5를 반복하여 곱한다. ② 위의 곱한 수들을 모두 더한다. ③ 위의 합이 7의 배수이면 원래 수도 7의 배수이다. 예를 들어 5764801이 주어져 있으면, 1×1, 0×3, 8×2, 4×6, 6×2, 7×4, 5×5이고 이들의 합은 105이면서 7의 배수이므로 5764801은 7의 배수이다.

7의 배수를 찾는 또 다른 방법으로 스펜스(Spence)의 방법은 일의 자리 수를 두 배하여 일의자리를 제외한 나머지 수에 뺀 결과가 7의 배수인지를 살펴보는 것이다. 예를 들어 469의 일의 자리 9를 두 배 한 18을 46에서 빼면, 즉 $48-18=28$이고, 이것은 7의 배수이므로 원래의 수 469도 7의 배수이다. 두 배 해서 빼는 대신, 다섯 배 해서 더하여도 된다.

11의 배수를 판단하는 방법 중 하나는 홀수자리 숫자의 합에서 짝수자리 숫자의 합을 뺀 결과가 11의 배수임을 이용하는 방법이다. 예를 들어 3091에서 홀수자리 숫자 합 $3+9=12$와 짝수자리 숫자 합 $0+1=1$의 차 $12-1=11$이 11의 배수이므로 3091은 11의 배수이다.

학교수학

1. 초등수학에 나오는 약수, 배수, 공약수, 공배수 등의 수학적 정의를 살펴보자. (초등 5)

(1) 약수와 배수의 정의

어떤 수를 나누어떨어지게 하는 수를 그 수의 **약수**라고 합니다. 8을 1, 2, 4, 8로 나누면 나누어떨어집니다. 1, 2, 4, 8은 8의 약수입니다.

어떤 수를 1배, 2배, 3배 …… 한 수를 그 수의 **배수**라고 합니다. 3, 6, 9 ……는 3의 배수입니다. 8을 1, 2, 4, 8로 나누면 나누어떨어집니다. 1, 2, 4, 8은 8의 약수입니다.

두 수의 공통인 약수를 두 수의 **공약수**라고 합니다. 두 수의 공약수 중에서 가장 큰 수를 두 수의 **최대공약수**라고 합니다. 1, 2, 3, 6은 12와 18의 공약수입니다. 6은 12와 18의 최대공약수입니다.

두 수의 공통인 배수를 두 수의 **공배수**라고 합니다. 두 수의 공배수 중에서 가장 작은 수를 두 수의 **최대공배수**라고 합니다. 12, 24, 36 ……은 4와 6의 공배수입니다. 12은 4와 6의 최소공배수입니다.

(2) 약수와 배수의 관계

활동 12를 여러 수의 곱으로 나타내어 약수와 배수의 관계를 알아보시오.

$12=1\times12$ $\quad=2\times6$ $\quad=2\times2\times3$	$12=\square\times3$ $\quad=\square\times\square\times3$

(3) 공약수와 최대공약수의 관계

활동 24와 32의 공약수와 최대공약수의 관계를 알아보시오.

2. 약분과 통분 (초등 5)

(1) 약분과 기약분수

분수 고치기

- 분모와 분자를 그들의 공약수로 나누어 간단히 하는 것을 약분한다고 합니다.

$$\frac{8}{12}=\frac{8\div 2}{12\div 2}=\frac{8\div 4}{12\div 4}$$

- 분모와 분자의 공약수가 1뿐인 분수를 기약분수라고 합니다.

활동2 $\frac{16}{24}$을 약분하여 기약분수로 나타내어 보시오.

- 16과 24의 공약수는 무엇입니까?
- $\frac{16}{24}$을 약분하면 어떤 분수가 됩니까?

$$\frac{16\div\square}{24\div\square}=\frac{\square}{\square}\qquad\frac{16\div\square}{24\div\square}=\frac{\square}{\square}\qquad\frac{16\div\square}{24\div\square}=\frac{\square}{\square}$$

- 분모와 분자의 공약수가 1뿐인 분수는 무엇입니까?
- 기약분수로 나타내는 방법을 이야기해 보시오.

(2) 최소공배수로 통분하기

활동2 $\frac{2}{3}$와 $\frac{3}{4}$의 분모를 같게 만들어 보시오.

- $\frac{2}{3}$, $\frac{3}{4}$과 크기가 같은 분수를 분모가 작은 것부터 차례로 7개씩 써 보시오.

$\frac{2}{3}$ $\frac{4}{6}$, , , , , ,

$\frac{3}{4}$ $\frac{6}{8}$, , , , , ,

- 분모가 같은 분수를 짝 지어 보고, 분모들은 어떤 특징이 있는지 이야기해 보시오.

$$\left(\frac{2}{3}, \frac{3}{4}\right) \Rightarrow \left(\frac{\square}{12}, \frac{\square}{12}\right), \left(\frac{\square}{\square}, \frac{\square}{\square}\right)$$

- 분수만큼 색칠하시오.

$\frac{2}{3}$

$\frac{\square}{12}$

$\frac{3}{4}$

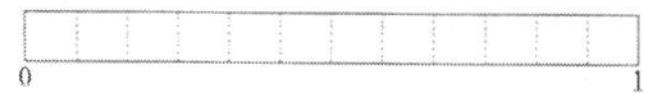

$\frac{\square}{12}$

분수 고치기

분수의 분모를 같게 하는 것을 통분한다고 하고, 통분한 분모를 공통분모라고 합니다.

연습문제

1. 두 양의 정수 b와 m에 대해서, 만약 a가 b로 나누어질 때 q가 몫, r이 나머지라 한다면, ma가 mb로 나누어질 때 q가 몫이고 mr이 나머지가 됨을 보여라.

2. 다음을 증명하시오.
   (1) a, b가 양의 정수이고 a|b이면, a≤b이다.
   (2) 양의 정수 a, b에 대해, a|b이고 b|a이면 a=b이다.
   (3) 임의의 정수 a, b에 대해, a|b이고 b|a이면 a=b 또는 a=−b이다.

3. 세 정수 a, b, c(b>0, c>0)에 대해서 만약 a가 b로 나누어 질 때 q가 몫이고, q가 c로 나누어질 때 q′이 몫이라면, a가 bc로 나누어질 때 q′이 몫임을 보여라.

4. 다음의 두 정수 a와 b에 대해 유클리드 호제법을 이용하여 최대공약수 d를 구하고, $ax+by=d$를 만족하는 x, y를 구하시오.
   (1) 2280, 648 (2) 710, 68 (3) 78, 32
   (4) 484, 164 (5) 1728, 433 (6) 4320, 633

5. 만약 gcd(a,b)=1이고 c|a이면, gcd(c,b)=1임을 보여라.

6. 만약 gcd(a,b)=1이면, gcd(ac,b)=gcd(c,b)임을 보여라.

7. 세 정수 30, 72, 140의 최대공약수를 구하고, 일차선형조합을 구하시오.

참고 양의 정수 a_i $(i=1,2,\ldots,k)$, $k>2$에 대해서

$$\gcd(a_1,a_2,\ldots,a_k)=\gcd(\gcd(a_1,a_2,\ldots,a_{k-1}),a_k)$$

를 만족한다.

예를 들어 $k=3$인 경우는, $\gcd(a_1,a_2,a_3)=\gcd(\gcd(a_1,a_2),a_3)$이다.

읽을거리

소수

정수 집합과 관련한 이론전개에서 역사적으로 볼 때 많은 수학자들이 관심을 가졌던 부분은 **소수**(prime number)에 관한 연구이다. 소수란 2, 3, 5, 7, 11, … 등과 같이 1과 자기 자신만을 약수로 가지는 수를 말한다. 고대 그리스시대부터 소수의 개수와 소수가 갖는 규칙성 등에 대하여 수많은 수학자들이 관심을 가지고 연구를 수행하였다. B.C. 350년경에 유클리드는 1보다 큰 모든 정수는 유일하게 소수의 곱으로 나타낼 수 있음을 보였다. 또한, 이를 이용하여 소수는 무수히 많음을 증명하였다. 하지만 소수에 관해서는 아직까지 해결되지 않은 문제가 많이 남아 있다. 특히 소수의 분포에 관한 질문은 규명하기 어려운 것으로 여겨지며, 오늘날까지도 많은 수학자들이 소수의 분포에 관하여 관심을 가지고 있다. 여기서는 소수에 대하여 알려진 사실들을 조사하여 보자.

첫째, 유클리드는 '**소수는 무수히 많다**'는 사실을 귀류법으로 증명하였다. 만일, 소수의 개수가 유한하다고 가정하자. 그러면, 가장 큰 소수인 p가 존재하고 $p! = p(p-1)(p-2)\cdots 3 \cdot 2 \cdot 1$은 1부터 p가지의 모든 정수로 나누어떨어지므로 $(p!+1)$은 1이외의 어느 정수로 나누어도 나머지가 1이 된다. 그러므로 $(p!+1)$은 소수이며, p보다는 크므로 p가 가장 큰 소수라는 사실에 모순이 된다. 따라서 소수는 무수히 많다.

둘째, n보다 작은 모든 소수를 찾는 방법으로는 '**에라토스테네스의 체**'가 있다. 에라토스테네스는 효과적으로 소수들을 찾아내는 방법을 발견하여, 마치 밀가루를 체에 쳐서 거르는 것처럼 소수만을 거른다는 뜻의 '체(sieve)'라는 이름을 붙었다. 예를 들어 100보다 작은 모든 소수를 다 찾으려면, 먼저 2부터 100까지를 적은 후, 2로부터 두 번째 수들을 모두 지운다. 다시 3으로부터 세 번째 수들을 모두 지우고, 또 다시 5로부터 다섯 번째 수들을 모두 지우고, 7로부터 일곱 번째 수들을 모두 지우고 … 이러한 방법을 계속하여 실행한다. 이때, 남은 수가 100보다 작은 소수로 2, 3, 5, 7, 11, 13, 17, 19, 23, 29, 31, 37, 41, 43, 47, 53, 59, 61, 67, 71, 73, 79, 83, 89, 97 등 모두 25개이다.

셋째, 가우스가 예상한 **'소수정리'**는 소수 분포에 대한 열쇠이다. 자연수 n보다 작은 소수의 개수를 π (n), 소수밀도를 $D_n = \frac{\pi(n)}{n}$이라 하면, n이 커질수록 D_n은 작아짐을 알 수 있다. 1791년 가우스는 14살에 n이 충분히 클 때 소수밀도 D_n은 근사적으로가 $\frac{1}{\ln n}$이 된다고 예상했다. 이것은 1896년 아다마르가 증명하였으며, 소수정리라고 부른다.

페르마의 마지막 정리

세 변의 길이가 3, 4, 5인 삼각형은 직각삼각형이므로 피타고라스의 정리에 의하여 x=3, y=4, z=5는 방정식 $x^2+y^2=z^2$의 정수해이다. 또한, 세 변의 길이가 3, 4, 5의 배수인 삼각형도 모두 직각삼각형이므로 방정식 $x^2+y^2=z^2$의 정수해는 무수히 많음을 알 수 있다. 그렇다면

'방정식 $x^3+y^3=z^3$의 정수 해는 존재할까?'

이 방정식을 만족시키는 정수 x, y, z를 아무리 찾으려 해도 찾지 못한다. 아무추어 수학자 페르마는 1621년에 디오판투스의 저서 <산학>의 번역판에서 피타고라스의 정리를 $x^2+y^2=z^2$ 만족시키는 정수 x, y, z가 무수히 많다는 사실을 읽다가, 문득 n이 2보다 클 때도 $x^n+y^n=z^n$을 만족시키는 정수가 있을까? 하는 생각을 하게 되었다. 그리고는 **페르마의 마지막 정리**(Fermat's last theorem)라고 불리는 다음 정리를 여백에 써 놓았다.

페르마의 마지막 정리

2보다 큰 자연수 n에 대하여, 방정식 $x^n+y^n=z^n$을 만족시키는 정수 x, y, z는 존재하지 않는다.

또한, 페르마는 '나는 실로 기묘한 증명을 하였으나 여백이 부족하여 그 증명은 생략한다.'라고도 적었다. 페르마가 사망한 후, 그 여백의 내용을 보게 되었으나 그의 증명은 찾지 못하여 이 문제는 유명해졌다.

페르마가 죽은 지 약 100년 후에, 오일러가 $n=3$, 4일 때 $x^n+y^n=z^n$을 만족시키는 정수 해는 없음을 증명하였고, 딜리클레는 $n=5$일 때도 정수 해가 없음을 밝혔다. 그러나 일반적인 n에 대한 해법은 쉽게 나타나지 않았다. 그 후로 이 문제는 더욱 유명해져서 1840년에는 파리 학사원이 상금 3,000프랑을 걸었고, 1908년에는 독일의 한 부자가 '이 정리를 증명하는 사람에게 10만마르크의 상금을 주라'는 유언을 남겨 더욱 유명해졌다. 오늘날에는 컴퓨터를 이용하여 n이 백만일 때까지도 정수 해가 존재하지 않는다는 것을 확인하였으나 일반 해법은 나타나지 않았었다.

그러나 드디어 1993년 영국이 수학자인 프린스턴 대학의 엔드류 와일즈(Andrew Wiles) 교수가 8년의 연구 끝에 이 문제를 증명했다고 발표하였다. 증명에 미비한 점이 발견되었으나, 그의 제자인 리차드 테일러와 함께 완벽한 증명을 했으며, 100페이지에 달하는 긴 논문이 1995년 <수학연보>에 실렸다. 이로써 360년 동안의 신비의 베일은 벗겨졌다.

Chapter 8

유클리드 기하학

쫑알쫑알

유클리드와 기하학

유클리드에 관해서 다음과 같은 이야기들이 전해 내려온다. 유클리드에게 기하학 개인교습을 받던 이집트의 왕자(톨레미 I세)가 기하학 과목이 너무 어려워서, 어느날

"기하학을 배우는 데 좀 더 쉽게 배우는 방법이 없습니까?"

라고 물었다. 그것에 대해 유클리드는

"현세에는 두 가지 종류, 즉 평민이 다니는 길과 왕이 다니도록 확보해둔 길이 있습니다. 그러나 기하학에는 왕도가 없습니다."

라고 대답했다고 한다. 또 하나는 유클리드에게 기하학을 배우던 한 제자가

"제가 이것을 배워서 무엇을 얻을 수 있습니까?"

라고 질문하자 유클리드는 즉시 하인을 불러

"그에게 동전 한 닢을 주어라. 그는 자기가 배운 것으로부터 꼭 무엇을 얻어야 하니까..."

라고 꾸짖어 내쫓았다.

기하학(geometry)이란 공간의 성질과 공간 안의 도형에 대한 성질을 연구하는 수학의 한 분야로써 'geometry'는 그리스어의 'geo- 땅'과 'metrein 측정하다'를 합한 geometrein으로부터 유래된 말이다. 기하학은 고대 문명의 발전과 함께 시작되어 세계 여러 고대 문명에서 농경과 건축 등에서 그 흔적을 찾아볼 수 있다. 고대 동양 일부 지역에서 실용적인 학문으로써 기하학적 지식을 갖고 있음을 알 수 있으나, 오늘날 기록으로 남아 있는 것은 대부분 이집트의 파피루스와 바빌로니아의 점토판이 대부분이다. 기하학의 발전에 큰 기여를 한 고대 그리스 시대에는 모든 수학은 기하학으로 간주되었다. 기하학의 법칙들을 주어진 공리에서 출발하여 엄정한 논리를 통해서만 문제를

해결하려했던 피타고라스에서부터 오늘날 기하학의 교과서로 이용되고 있는 유클리드의 원론에 대해 살펴보자.

유클리드 기하학

기원전 300년경 유클리드(Euclid)[9]는 당시의 주요한 수학적 업적들을 정리하여 <원론(elements)>을 저술하였다. <원론>은 서양에서 성경 다음으로 가장 많이 번역되었고, 출판되어져 왔으며, 연구되어져 왔다. 더욱이 20세기까지 성경에 뒤를 이어 가장 많이 읽혀진 책이였으며, 1482년에 처음으로 인쇄된 이래로 1000판 이상이 재판이 되었다.

<원론>은 총 13권으로 구성되어 있으며 23개의 정의(definition)와 10개의 공리(axiom), 공준(postulate)으로부터 465개의 정리가 수록되어 있다. <원론>은 기하학뿐만 아니라 대수 문제에 대한 해법과 증명도 담겨져 있다. 유클리드는 직관적인 관찰을 기초로 두고 있으나, 명제를 이끌어냄에 있어서는 귀납적 추론이 아닌 정의, 공리, 공준에만 근거를 두고, 모든 명제를 연역적 추론에 의하여 유도했다. 또한 <원론>의 중요한 특징은 매우 적은 수의 초기 가정으로부터 매우 많은 명제들이 추론 되었다는 것이다. 이러한 <원론>에 기초하여 발달한 기하학을 **유클리드 기하학**이라 부른다.

이러한 <원론>은 엄격한 진술들의 꾸밈없는 완벽함과 바위처럼 단단한 증명들 때문에 인간의 논리적 사고력을 연마하는데 꼭 필요한 책으로 여겨져 왔고, 근대에 이르기까지 수학 교과서로 이용되어졌으며 현재까지 과학적 진술의 모델이 되었다. 아이작 뉴턴의 유명한 '프린키피아(Pincipia)'는 <원론>의 구성체계인 정의, 공리, 정리, 명제 형식으로 저술되었다. 또한 자연과학뿐만 아니라 네덜란드의 윤리학인 <스피노자>와 미국의 <독립 선언문>도 기하학의 형식으로 저술되었다.

<원론>의 다음과 같이 평면기하, 입체기하와 기초적인 수론의 내용을 다루고 있다.

---

9) 유클리드(Euclid)의 그리스어로는 '에우클레이데스'라고 하며, 고대 그리스의 수학자이며 소설가이다.

제1권 : 필수적이고 예비적인 정의, 공리, 공준으로부터 합동, 평행선, 직선으로 이루어진 도형과 피타고라스 정리와 그 역
제2권 : 피타고라스 학파의 기하 대수학, 피타고라스 정리의 일반화
제3권 : 원, 현, 호, 접선, 연관된 각의 측정
제4권 : 자와 컴퍼스를 이용한 작도, 원에 내접 또는 외접하는 정다각형의 작도
제5권 : 에우독소스의 비율이론과 기하학적 응용
제6권 : 에우독소스의 이론을 닮은 도형의 연구에 응용
제7권 : 유클리드 호제법, 초기 피타고라스 학파의 비율이론
제8권 : 연비례와 등비수열
제9권 : 수론, 산술의 기본정리, 소인수분해, '소수의 개수는 무한하다'의 증명, 등비수열의 합, 완전수.
제10권 : 무리수들, 실진법
제11권 : 공간에서 직선과 평면에 대한 정리, 평행육면체, 정육면체, 각기둥
제12권 : 원의 면적, 각뿔, 각기둥, 원뿔, 원기둥, 구의 체적
제13권 : 정다면체의 성질과 정다면체는 다섯 개만이 존재함을 증명

유클리드의 5개의 공준과 5개의 공리는 다음과 같다.

유클리드의 공준

A1. 임의의 점으로부터 임의의 점으로 직선을 그릴 수 있다.
A2. 유한 직선은 연속적으로 직선으로 연장할 수 있다.
A3. 임의의 중심과 임의의 거리로 원을 그릴 수 있다.
A4. 모든 직각은 서로 같다.
A5. 한 직선이 두 직선과 만나서 같은 쪽에 있는 내각의 합이 두 직각보다 작을 때, 두 직선을 한 없이 연장하면 내각의 합이 두 직각보다 작은 쪽에서 두 직선은 만난다.

위의 공준 중에서 공준 5를 **평행선 공준**이라 부르며 이 공준은 후에 비유클리드 기하학을 낳게 하는 중요한 열쇠가 되었다.

유클리드의 공리

P1. 같은 것에 같은 것은 또한 서로 같다.

P2. 같은 것에 같은 것을 더하면, 전체는 서로 같다.

P3. 같은 것에서 같은 것을 빼면, 나머지는 서로 같다.

P4. 서로 겹치는 것은 서로 같다.

P5. 전체는 부분보다 크다.

여기에서 **공리**[10] 또는 **공준**은 더 이상 그 정당성을 보일 필요가 없이 인정해야 하는 명제를 말한다. 특히 공리는 모든 학문에 공통적이며 명백한 대전제이고, 공준은 특별한 학문에서의 고유한 가정과 명백한 대전제를 말한다.

유클리드 원론 제I권에는 위의 공준과 공리를 바탕으로 48개의 명제를 다루었으며, 명제 47과 48은 피타고라스의 정리이다. 다음은 원론의 첫 번째 명제로 눈금 없는 자와 컴퍼스를 이용한 작도에 관한 문제이다.

명제 1 [정삼각형의 작도]

주어진 유한직선 위에 정삼각형을 작도하기

증명 AB를 주어진 유한직선이라 하자.

1. 중심 A와 반지름 AB를 갖는 원 BCD를 그리자(공준 A3).
2. 중심 B와 반지름 BA를 갖는 원 ACE를 그리자(공준 A3).
3. 그리고 두 원이 만난 점 C로부터 점 A와 B에 이르는 직선 CA, CB를 그리자(공준 A1).
4. 그런데 점 A는 원 CDB의 중심이므로, AC는 AB와 같다(정의 15).

---

10) 이론체계 가운데에서 가장 기초적인 근거가 되는 명제, 다른 명제를 증명하기 위한 전제로 이용되는 기본적인 가정을 **공리**라고 한다.

5. 또한, 점 B는 원 CAE의 중심이므로, BC와 BA는 같다(정의 15).
6. 그런데, CA는 AB와 같다고 증명되었다. 따라서 직선 CA, CB 각각은 AB와 같다. 그리고 같은 것에 같은 것은 또한 서로 같으므로, CA도 또한 CB와 같다(공리 A1).
7. 따라서 세 직선 CA, AB, BC는 서로 같다.
8. 따라서 삼각형 ABC는 등변이다. 그리고 이것은 주어진 유한 직선 AB위에 작도되었다.

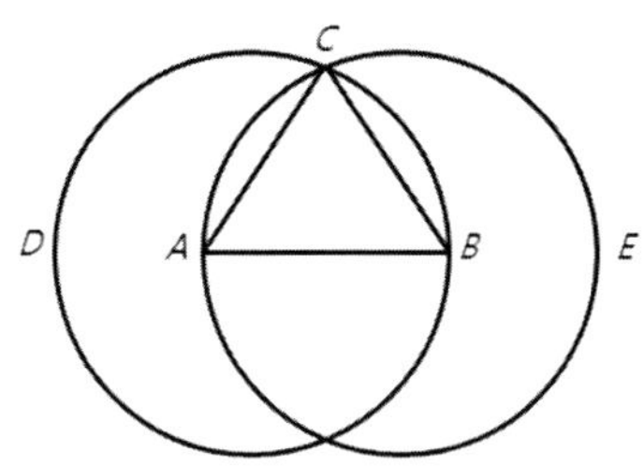

[정삼각형 작도하기]

유클리드 원론의 명제 47은 피타고라스의 정리이다.

명제 47 [피타고라스의 정리]

직각삼각형에서 직각의 맞변 위의 정사각형은 직각을 낀 두 변 위의 정사각형의 합과 같다.

증명 $\overline{AB^2} = \overline{BL} \cdot \overline{BF},\ \overline{AC^2} = \overline{CL} \cdot \overline{CG}$

$\overline{AB^2} + \overline{AC^2} = (\overline{BL} \cdot \overline{BF}) + (\overline{CL} \cdot \overline{CG})$

$\overline{AB^2} + \overline{AC^2} = \overline{BC^2}$

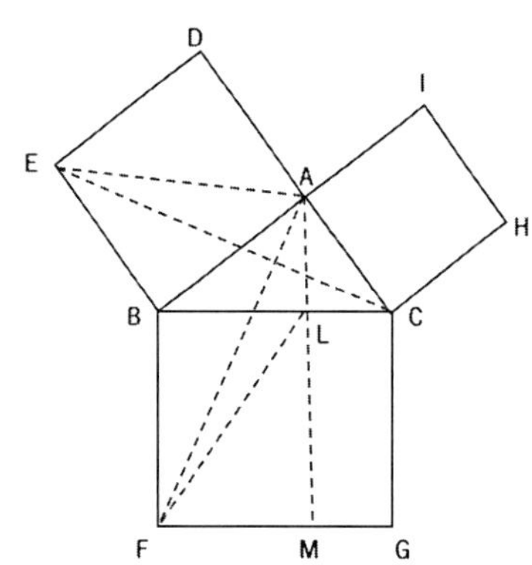

> 명제 48 [피타고라스의 정리의 역]
> 삼각형에서 한 변 위의 정사각형이 나머지 두 변 위의 정사각형의 합과 같으면, 삼각형의 나머지 두 변이 이루는 각은 직각이다.

유클리드 원론의 마지막 명제 465번째는 정다면체가 다섯 개뿐이라는 명제이다.

> 명제 465　정다면체는 다섯 개뿐이다.

가장 기본적인 평면도형인 삼각형

평면도형은 2차원 평면에 있는 도형으로써, 점, 직선, 곡선으로 이루어진 도형이다. 많은 각을 가지고 있다는 뜻의 **다각형**(polygon)은 세 개 그리고 그 이상의 선분을 가지고 있는 모양(도형)을 말한다. 다각형을 이루는 각각의 선분들을 **변**(side)이라고 하고, 두 변이 만나는 점이 **꼭짓점**(vertex)이다. 두 변이 한 꼭짓점에서 만나 이루어진 각을 **다각형의 각**(angle)(내각)이라고 하며, 이웃하지 않는 두 꼭짓점들 사이를 잇는 선분이 **대각선**(diagonal)이다. 다각형은 둘러싸인 변의 개수에 따라 삼각형, 사각형, 오각형으로 분류하고, 일반적으로 n개의 선분으로 둘러싸인 다각형을 n각형이라고 한다.

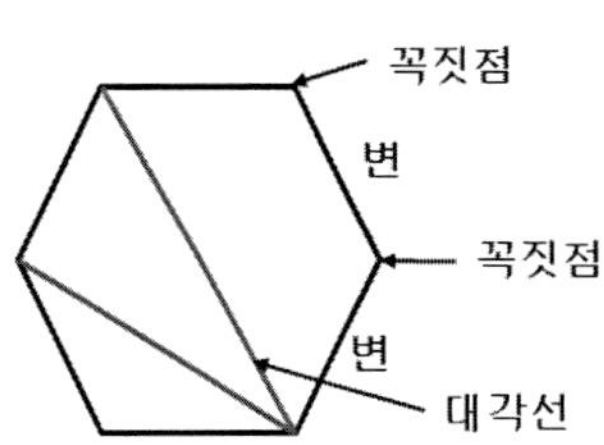

[다각형의 부분명칭]

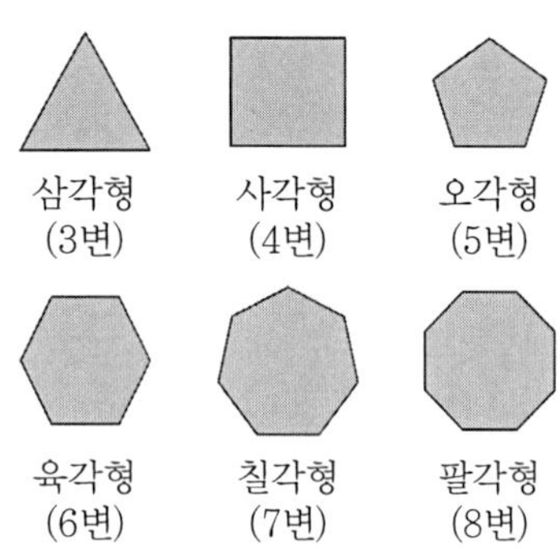

[다각형의 종류]

우리는 n각형의 한 꼭지점에서 그을 수 있는 대각선의 개수는 (n−3)개임을 알고 있다. 이는 모든 다각형은 삼각형들로 분할 할 수 있음을 나타내며, 우연치 않게, '(임의의 다각형이 삼각형으로 분할되는 개수)=(다각형의 변의 수)−2'라는 식을 얻을 수 있다. 그래서 사각형은 두 개의 삼각형으로 분할 할 수 있기 때문에 사각형의 내각의 크기는 합은 두 삼각형의 내각의 크기의 합과 동일한 각을 가진다.

정리 8.1 ▌ [다각형의 내각의 크기의 합]

n각형의 내각의 크기의 합은 $180° \times (n-2)$이다.

예제 8.1 n각형의 대각선의 개수는 $\dfrac{n(n-3)}{2}$이다.

먼저 세 선분으로 둘러싸인 평면도형인 삼각형을 살펴보자. 아래 그림과 같이 3개의 점 A, B, C를 잇는 선분을 삼각형 △ABC로 나타내고, 이때 세 각 A, B, C와 마주보는 세변의 길이 a, b, c를 삼각형의 6요소라고 한다. 삼각형의 모양과 크기는 세변의 길이가 결정되었거나, 두변과 그 끼인각의 크기가 결정되었거나, 한 변과 양끝각의 크기가 결정되었을 때 중의 하나가 결정되면 된다. 이처럼 삼각형의 6요소 중에서 3요소 이상을 알 때, 나머지 요소를 구하는 것을 '삼각형을 푼다'고 한다.

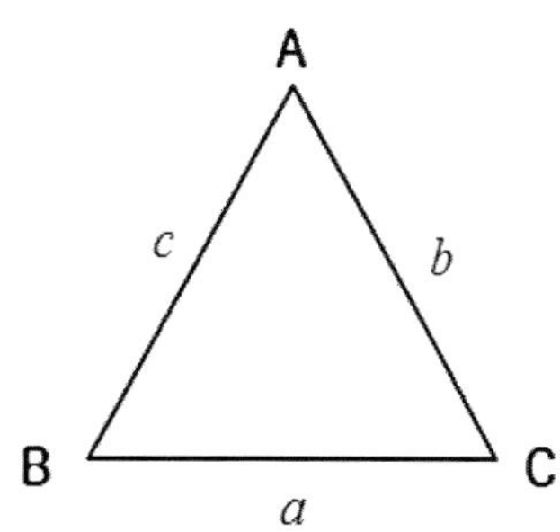

[삼각형의 6요소]

삼각형은 자신이 가지고 있는 각의 종류에 따라 분류된다. 유클리드는 원론의 정의 부분에 삼각형의 종류들을 기록하고 있다(정의 20, 21번).

20. 삼각형 중에서, **정삼각형**은 세 변이 같은 삼각형이고, **이등변삼각형**은 두 변이 같은 삼각형이며 **부등변삼각형**은 세 변이 서로 같지 않은 삼각형이다.
21. 또, 삼각형 중에서, **직각삼각형**은 직각을 갖는 삼각형이고 **둔각삼각형**은 둔각을 갖는 삼각형이며 **예각삼각형**은 세 각이 모두 예각인 삼각형이다.

여기에서 직각은 직선 위에 다른 직선을 세워 이웃하는 각이 서로 같을 때, 둔각은 직각보다 큰 각, 예각은 직각보다 작은 각으로 정의하고 있다.

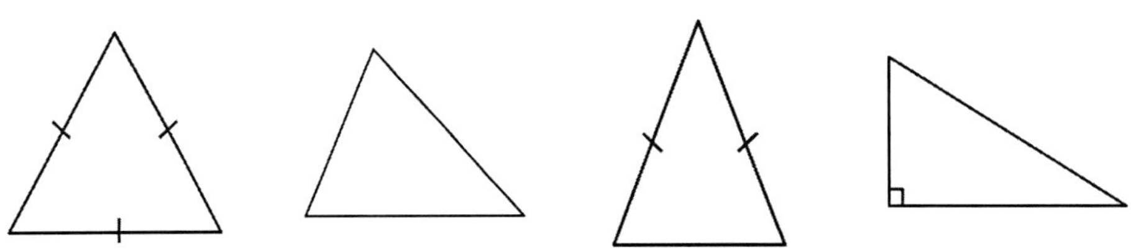

[삼각형의 종류]

삼각형의 둘레는 세 변의 길이의 합이다. 삼각형의 임의의 한 변을 밑(base)이라 하고, 밑에서 반대쪽 꼭짓점까지 직각 또는 수직으로 이은 선의 길이를 높이(height)라 한다. 밑의 길이를 b, 높이를 h라 하면 삼각형의 넓이는 $\frac{1}{2}\times b\times h$이다. 일반적인 삼각형의 넓이를 구하는 공식이외에 우리는 주어진 조건하에서 넓이를 구하는 다양한 방법과 공식들이 있다. 다음으로 '**헤론의 공식**[11]'이라 부르는 삼각형의 세 변의 길이가 주어질 때 넓이를 구하는 식을 소개한다. 삼각형의 세변의 길이가 각각 a, b, c일 때, 넓이를 S라 하면,

11) 헤론이 공식은 헤론 이전의 이미 알고 있었으리라 여겨지고 있지만, 그의 저서 <Metrica; 측량술>에서 증명을 써 놓았기 때문에 헤론의 업적이 되었다.

$$S = \sqrt{s(s-a)(s-b)(s-c)},\ s = \frac{a+b+c}{2}.$$

즉, 임의의 다각형은 반드시 삼각형으로 쪼갤 수 있으므로, 이 공식을 이용하면 높이를 직접 재지 않고 넓이를 구하는데 편리하게 이용된다. 또한 삼각형의 유용한 성질 중 **파포스의 정리**와 각의 이등분선 정리를 소개한다.

> 정리 8.2 ▌ **[파포스의 정리]**
>
> $\overline{AB}^2 + \overline{AC}^2 = 2(\overline{AM}^2 + \overline{BM}^2)$ 단, 점 M은 $\overline{BC}$의 중점

> 정리 8.3 ▌ **[각의 이등분선 정리]**
>
> $\overline{AB}: \overline{AC} = \overline{BN}: \overline{CN}$ 단, $\overline{AN}$은 각 A의 이등분선

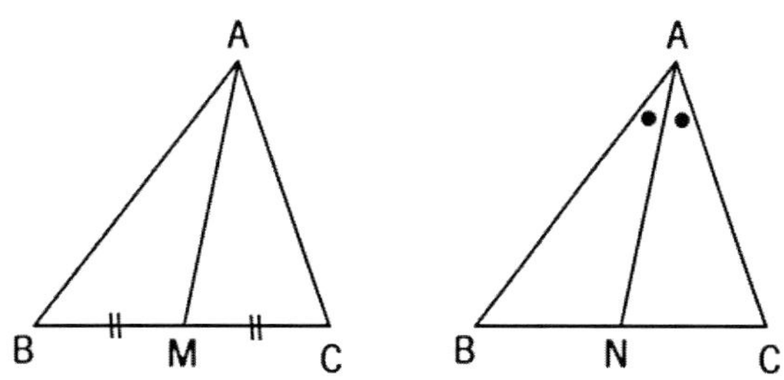

입체도형

직선, 다각형(삼각형, 사각형, 오각형 등), 원은 모두 평면도형으로써 평평한 2차원에 존재한다. 그러나 우리는 실제로 3차원 공간에 살고 있으며, 3차원 공간 안의 모양들을 이해하는 것이 필요하다. 평면 위에 있지 않고 공간에 있는 도형을 **공간도형**(space figure) 또는 **입체도형**(solid figure)이라 한다. 즉, 3차원에서 길이, 높이 그리고 폭을 가지는 도형을 말한다. 입체도형은 정육면체, 각기둥, 각뿔과 같은 평평한 면으로 둘러

싸인 **다면체**(polyhedron)와 원기둥, 원뿔, 구와 같이 그 면들이 곡선으로 이루어진 **비다면체**(non-polyhedron)으로 구별된다.

다각형인 면으로만 둘러싸인 입체도형인 다면체는 각각 그것이 갖고 있는 면의 개수에 따라 네 개인 면을 가지면 사면체, 다섯 개의 면을 가지면 오면체, 여섯 개의 면을 가지면 육면체 등으로 이름 붙여진다.

다면체를 둘러싸고 있는 다각형을 다면체의 **면**(face), 다각형의 변을 다면체의 **모서리**(edge), 다각형의 꼭짓점을 다면체이 **꼭짓점**(vertex)이라고 한다.

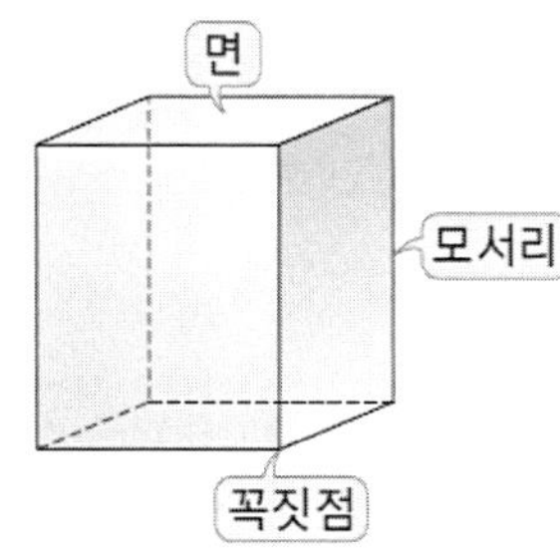

정다면체에 대해 알아보자. **정다면체**(Platonic solid) 또는 플라톤의 다면체는 볼록 다면체 중에서 입체를 둘러싸고 있는 평면이 모두 합동인 정다각형으로 이루져 있으며, 각 꼭짓점에서 만나는 면의 개수가 같은 도형을 말한다. 정다면체는 아래 그림과 같이 다섯 가지 뿐임이 알려져 있다.

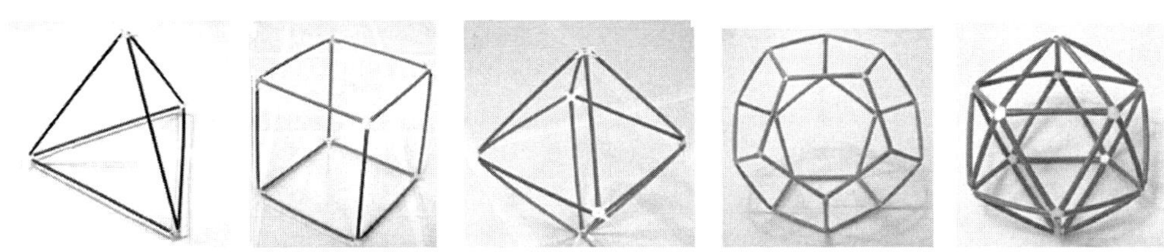

정사면체 정육면체 정팔면체 정십이면체 정이십면체

[정다면체의 종류]

유클리드는 <원론>의 제일 마지막 465번째 명제에서 '정다면체는 다섯 개뿐이다'를 '정다면체의 꼭짓점은 적어도 세 개 이상의 정다각형이 모여서 이루어지고 꼭지각이 크기의 합은 360°보다 작다'를 이용하여 증명하였다.

예제 8.2 꼭지점의 수를 V, 모서리의 수를 E, 면의 수를 F, 그리고 꼭지점의 면의 수를 R라고 하면 정다면체의 경우 다음과 같이 도표를 완성할 수 있다.

정다면체	면의 모양	V	E	F	R
정4면체	정3각형	4	6	4	3
정8면체	정3각형	6	12	8	4
정20면체	정3각형	12	30	20	5
정6면체	정4각형	8	12	6	3
정12면체	정5각형	20	30	12	3

앞의 도표를 참고로 하여 임의의 한 다면체를 구성하는 점과 선, 면이 일정한 관계를 가지고 그 연결상태가 같은지를 알려주는 오일러의 다면체 정리는 다음과 같다.

정리 8.4 ▌ [오일러의 다면체 정리]

$$V - E + F = \chi$$

여기에서 다면체의 꼭짓점의 수를 V, 모서리이 수를 E, 면의 수를 F 그리고 χ는 오일러 지표이다.

한편, 오일러 지표는 입체도형인 경우 항상 2로 나타나며 모든 도형은 구와 연결 상태가 같고, 평면도형인 경우 1이며 모든 도형은 원과 연결 상태가 같다.

정의 8.1 ▌ 두 종류 이상의 정다각형을 이용하되, 모든 꼭지점에서 모이는 정다각형의 종류와 수가 같은 다면체를 **준정다면체**라고 한다.

준정다면체는 아르키메데스 다면체라고도 하며, 모두 13가지가 있다. 이 중에서 정육각형 20개와 정오각형 12개로 이루어진 축구공다면체와 같이 정다면체의 모서리를 적당히 절단해서 만들 수 있는 것이 있다.

다면체의 한 꼭지점에서 만나는 면의 각의 합을 꼭지각이라 하면, 정육면체의 한 꼭지각의 크기는

$$3 \times 90 = 270(°)$$

이고, '외각 = 360° − 꼭지각'(또는 결손각이라 한다)의 크기는 90°이다. 이제 모든 꼭짓점에 대하여 외각을 모두 더하면

$$8 \times 90 = 720(°)$$

이다. 데카르트는 이러한 현상이 일반적이라는 것을 발견하였다.

정리 8.5 ▌ [데카르트의 원리]

준정다면체에서 각 꼭지점의 외각을 모두 더하면 항상 720°이다.

학교수학

1. 수직과 평행 (초등 4)

두 직선이 만나서 이루는 각이 직각일 때, 두 직선은 서로 수직이라고 합니다. 또 두 직선이 서로 수직으로 만나면, 한 직선을 다른 직선에 대한 수선이라고 합니다.

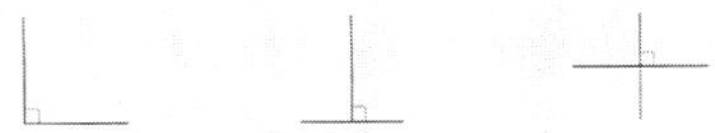

한 직선에 수직인 두 직선을 그었을 때, 그 두 직선은 서로 만나지 않습니다. 이와 같이 서로 만나지 않는 두 직선을 평행하다고 합니다.
이때 평행한 두 직선을 평행선이라고 합니다.

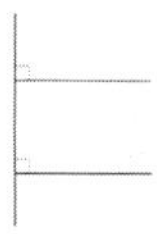

2. 평면도형의 정의

(1) 삼각형의 정의 (초등 4)

● 삼각형의 이름을 지어 보세요.

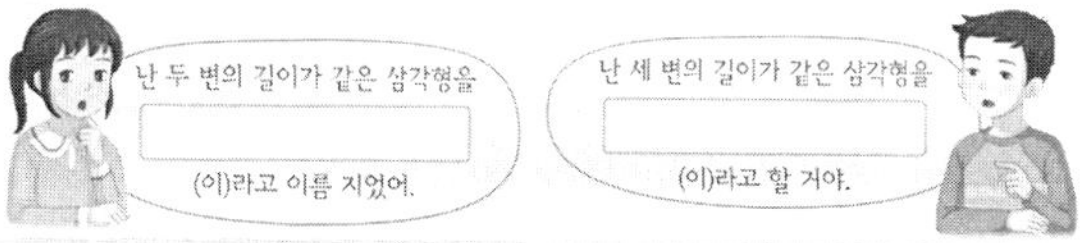

두 변의 길이가 같은 삼각형을 이등변삼각형이라고 합니다.
세 변의 길이가 같은 삼각형을 정삼각형이라고 합니다.

세 각이 모두 예각인 삼각형을 예각삼각형이라고 합니다.
한 각이 둔각인 삼각형을 둔각삼각형이라고 합니다.

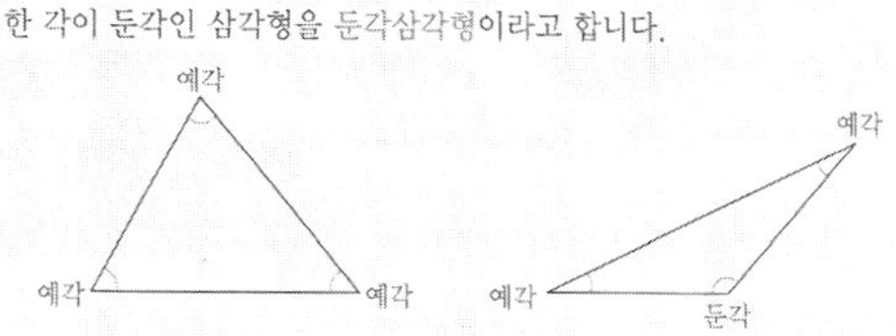

(2) 사각형의 정의 (초등 4)

평행한 변이 한 쌍이라도 있는 사각형을 사다리꼴이라고 합니다.

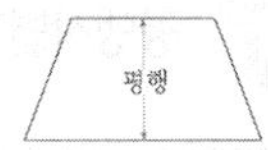

마주 보는 두 쌍의 변이 서로 평행한 사각형을 평행사변형이라고 합니다.

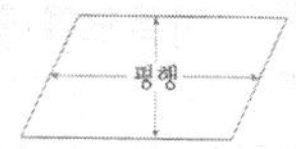

네 변의 길이가 모두 같은 사각형을 마름모라고 합니다.

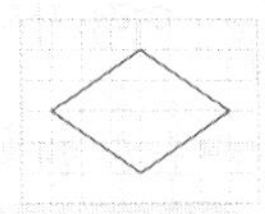

(3) 원의 정의 (초등 3)

누름 못이 꽂힌 점에서 원 위의 한 점까지의 길이는 모두 같습니다. 원을 그릴 때에 누름 못이 꽂혔던 점 ㅇ을 원의 중심이라고 합니다. 원의 중심 ㅇ과 원 위의 한 점을 이은 선분을 원의 반지름이라고 합니다. 또, 원 위의 두 점을 이은 선분이 원의 중심 ㅇ을 지날 때, 이 선분을 원의 지름이라고 합니다.

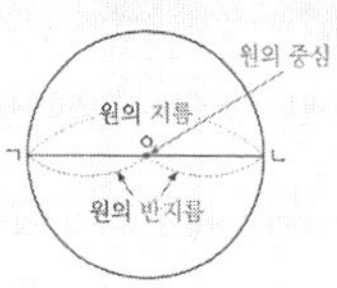

선분 ㅇㄱ과 선분 ㅇㄴ은 원의 반지름이고, 선분 ㄱㄴ은 원의 지름입니다.

3. 입체도형의 정의

(1) 직육면체 (초등 5)

도형의 이름

그림과 같은 네모 상자 모양에서 선분으로 둘러싸인 부분을 면이라 하고, 면과 면이 만나는 선분을 모서리라고 합니다. 또, 모서리와 모서리가 만나는 점을 꼭짓점이라고 합니다.

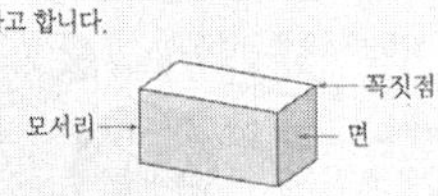

위의 그림과 같이 직사각형 모양의 면 6개로 둘러싸인 도형을 직육면체라고 합니다.

(2) 각기둥 (초등 6)

도형의 이름

등과 같은 도형을 각기둥이라고 합니다.

연습문제

1. 다음 물음에 답하시오.
   (1) 유클리드 <원론>이 가지는 가장 큰 특징은 무엇입니까?
   (2) 공리계가 만족해야할 조건은 무엇입니까?
   (3) 유클리드 원론의 결함에는 어떤 것들이 있습니까?

2. <원론>의 명제를 바탕으로 임의의 선분 AB로부터 정삼각형 ABC를 작도할 수 있음을 보이시오.

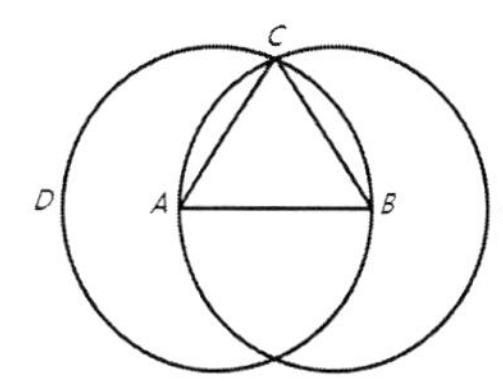

3. 정다면체는 다섯 개 뿐임을 유클리드의 방법으로 증명해 보시오.

4. 삼각형의 세 내각의 합은 180°임을 보이시오.

5. 오일러 공식을 증명해 보시오.

6. 유클리드 원론의 [명제 47]. 직각삼각형 ABC에서 대하여 $AB^2 = AC^2 + BC^2$. 이는 유명한 '피타고라스 정리'에 대한 수백 개의 증명법 중에 대표적인 것으로, '신부의 의자'라는 별명을 갖고 있다. 피타고라스 정리를 증명하시오.

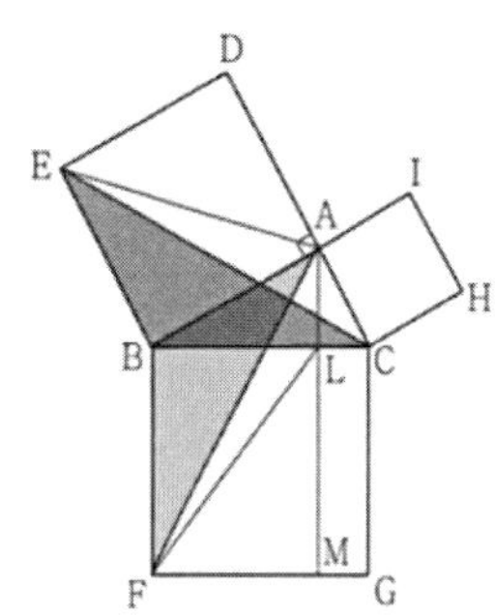

7. 삼각형 △ABC에서 AB≅AC이면 ∠B = ∠C임을 증명하시오.

읽을거리

기하학의 역사

B.C. 2500년경 일찍부터 문명이 발달한 고대 이집트에서는 나일강 홍수로 인하여 토지측량을 자주 했으며 토지측량과 피라미드 건설 등 토목공사를 위하여 도형을 연구하였다. 토지(geo)와 측량(metry)이 결합하여 도형을 연구하는 기하학(geometry)를 탄생시켰다. 이집트의 대형 토목공사는 고대인들의 도형에 대한 지식수준이 상당했음을 말해주며, 아메스 파피루스에는 일차방정식과 이차방정식의 문제풀이 이외에도 정사각형, 직사각형, 이등변삼각형, 등변사다리꼴 등의 넓이나 정사각뿔의 부피를 구하는 공식이 기록되어 있다.

고대 이집트에서 실용적인 목적에서 시작된 도형연구는 실용성보다는 엄밀한 연역적 증명을 추구하는 그리스인들에 의하여 기하학으로 발전하게 되었다. 탈레스의 뒤를 이어 피타고라스, 플라톤, 아리스토텔레스 등에 의하여 추론형식, 정의, 공리에 대한 연구와 연역적 연구방법이 확립되어 갔다.

탈레스는 이집트의 도형에 대한 지식을 체계적으로 정리하고 증명하면서 기하학의 기초를 만들었다. 이어서 피타고라스를 중심으로 한 학파에서는 논증기하학을 발전시켜 피타고라스 정리를 증명하였을 뿐 아니라, 정다면체가 다섯가지뿐임을 증명하였다. 그 후 기하학의 논리적인 체계를 확립한 수학자는 유클리드이다. 한편, 아르키메데스는 구분구적법으로 원, 포물선, 타원 등의 넓이, 구의 겉넓이, 구의 부피 등을 계산하였으며, 아폴로니우스는 원추곡선인 타원, 포물선, 쌍곡선의 성질을 연구하였다. 또한, 히파르코스, 프톨레마이오스 등은 원운동을 천체 운동의 근본으로 보고, 천체운동의 기하학적 모델을 연구하였으며, 파포스는 유클리드 이래의 수학을 종합했다.

17세기 이후에는 데카르트에 의해 시작된 해석기하학이 대수학과 기하학을 연결하였다. 한편, 좌표를 쓰지 않고 도형을 직접 연구하는 사영기하학은 데자르그, 몽주, 퐁슬레 등에 의하여 발전하였다. 19세기는 비유클리드 기하학이 생겨났으며,

기하학을 새로운 방향으로 발전시킨 사람은 리만이다. 또한 힐베르트는 유클리드 기하학에서 완전한 공리계를 찾아내었다.

힐베르트(Hilbert, D., 1862-1943, 독일)

19세기와 20세기에 걸쳐 수학을 이끈 힐베르트는 괴팅겐 대학을 수학의 메카로 만들었다.

그는 '기하학의 기초'를 출판하였는데, 이 책은 점, 직선, 평면에 관한 21개의 공리를 포함하고 있으며, 아직도 읽히는 책이다. 힐베르트는 정수론, 불변량, 함수해석학, 적분방정식, 수리물리, 미적분학 등의 분야에 공헌했고, '힐베르트 공간(Hilbert space)'이라는 무한차원공간을 만들었다.

한편, 그는 1900년 파리 국제수학자대회에서 '수학문제들'이란 연설문을 통해 20세기에 해결해야할 23개의 중요한 문제를 제시하였다. 또한, 아인슈타인보다 먼저 상대론의 핵심인 중력방정식을 발견한 그는 '물리학은 물리학자들에게만 맡기기에는 너무 어렵다'고 생각하고, 물리학의 수학화에 적극 나섰다.

플라톤의 입체인 정다면체

그리스의 철학자며 사상가인 플라톤(Platon, 기원전 427-347년경)은 세상을 이루는 모든 물질의 모양을 정다면체로 생각했다. 그는 엠페도클레스(Empeddecles, 기원전 493-430년경)가 만물의 근원으로 주장한 사원소 "불, 흙, 공기, 물"을 네 개의 정다면체인 정사면체, 정육면체, 정팔면체, 정이십면체에 각각 결합시켰다. 가장 작고 가벼우며 날카로운 불은 정사면체, 가장 안정되어 있는 흙은 정육면체, 크기와 무게, 유동성이 중간에 속해야 하고 불안정한 공기는 정팔면체, 가장 유동성이 강하고 변화가 많은 원소인 물은 원에 가깝고 구부리기 쉬운 정이십면체, 그리고 마지막 정다면체인 정십이면체는 우주를 뜻하는 것으로 숫자 12는 우주와 관련이 있고, 오각형은 당시 사람들이 신비로운 도형으로 생각했기 때문이다. 이후 플라톤의 제자 아리스토텔레스는 플라톤의 사원소설을 이어받아 우주를 이루는 기체라고 여긴 '에테르'란 물질을 더하여 제5원소를 만들었다.

Chapter 9 도형의 변환

생각열기

같은 도형일까요?

☞ 아래의 8×8 정사각형을 그림과 같이 잘라서 오른쪽 그림과 같은 13×5 직사각형으로 재배열 해 보세요. 그리고 두 사각형의 넓이를 비교해 보세요.

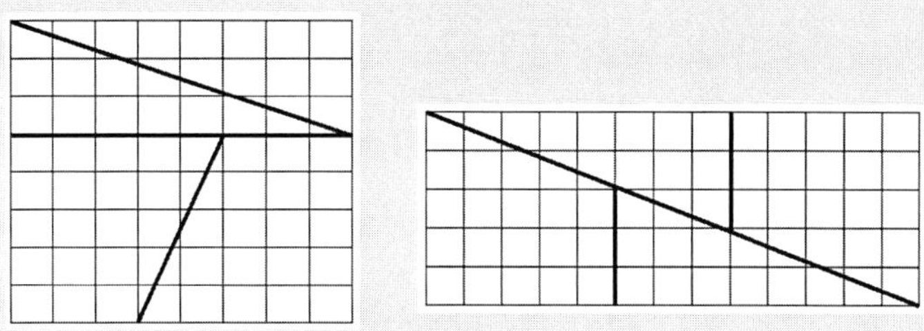

이것은 64 = 65를 의미합니다. 어디가 잘못되었을까요?

☞ 옮겨진 직사각형의 대각선은 직선이 아닌 넓이가 1인 매우 가는 평행사변형이다.

앞 절에서 기하학의 하나의 체계인 유클리드 기하학과 평면도형과 입체도형에 관하여 살펴봤다. 대수학의 군론, 비유클리드 기하학 등의 수학의 여러 분야에 지대한 영향을 끼친 독일의 수학자 클라인(Kelin, 1849-1925)은 "**기하학이란 주어진 변환군에 속하는 임의의 변환에 대하여 불변인 도형의 성질을 연구하는 학문이다**"라고 하고 기하학적 성질을 대수적(군론적) 입장에서 밝히는데 성공했다. 도형의 변환은 기하학의 주된 연구인 공간의 성질과 공간 안의 도형에 대한 성질을 두 가지 모두 포함한다. 이번 장에서는 실수평면에서의 도형의 변환들과 도형의 합동 및 닮음에 대해 살펴보자.

2차원 실수평면에서의 변환

함수 f가 주어져 있고, 정의역과 공변역이 2차원 실수평면 $\mathbb{R}^2$일 때, f는 $\mathbb{R}^2$에서 $\mathbb{R}^2$으로의 **변환**(transformation) 또는 **사상**(map)이라고 한다. 특히 정의역과 공변역이 동일한 차원일때는 **연산자**(operator)라고 한다. 우리는 앞 장에서 함수에 대한 개념을 알아보았다. 변환 또는 사상은 함수와 동일한 개념으로 임의의 한 공간에서 다른 공간으로의 전이를 기하학적으로 나타낸 것이다.

변환을 설명하기 위하여 f_1, f_2을 2개의 실변수의 실수값 함수, 즉

$$w_1 = f_1(x_1, x_2)$$
$$w_2 = f_2(x_1, x_2)$$

이라 하자. 2개의 방정식은 $\mathbb{R}^2$의 각 점 (x_1, x_2)에 $\mathbb{R}^2$의 유일한 점 (w_1, w_2)을 대응시킨다. 따라서 이것은 $\mathbb{R}^2$에서 $\mathbb{R}^2$으로의 변환을 정의하며, 변환 $T: \mathbb{R}^2 \to \mathbb{R}^2$이고

$$T(x_1, x_2) = (w_1, w_2)$$

이다.

예제 9.1 방정식

$$w_1 = x_1 + 2x_2,\ \ w_2 = x_1 x_2^2$$

은 변환 $T: \mathbb{R}^2 \to \mathbb{R}^2$을 나타내고, 점 (x_1, x_2)의 상은

$$T(x_1, x_2) = (x_1 + 2x_2, x_1 x_2^2)$$

이다. 따라서, 예컨대

$$T(1, 2) = (5, 4).$$

도형의 이동

2차원 실수 좌표평면상에서 점과 도형의 이동에 대해 살펴보자. 먼저 평행이동의 정의는 다음과 같다.

> **정의 9.1** ▌ $\mathbb{R}^2$위의 모든 점(또는 도형)을 일정한 방향으로 일정한 거리만큼 옮기는 이동을 **평행이동**(translation)이라 한다.

평행이동 후 도형의 모양은 원래의 모습을 그대로 유지를 한다. 좌표평면 위의 점 $P(x,y)$를 평행이동 시켜보자. x축의 방향으로 a, y축의 방향으로 b만큼 평행이동한 점의 좌표를 $P'(x',y')$이라 하면

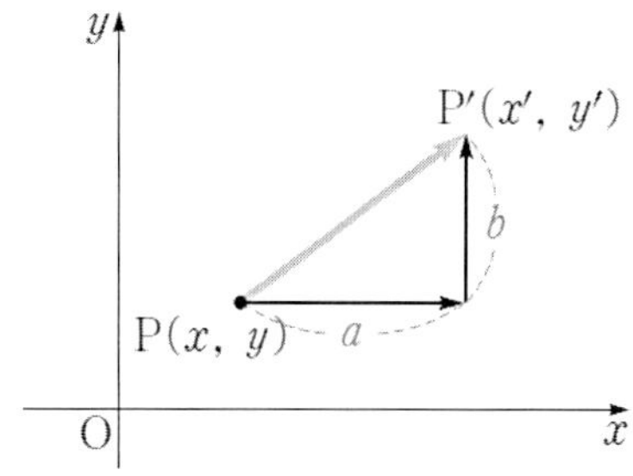

$$x' = x + a, \quad y' = y + b$$

이다. 따라서 좌표평면 위의 점 $P(x,y)$를 점 $P'(x+a,y+b)$로 옮기는 것이 된다. 이것을 보통

$$(x,y) \mapsto (x+a,y+b)$$

와 같이 나타낸다.

예제 9.2 점 (1, −2)를 x축 방향으로 3만큼, y축 방향으로 2만큼 평행이동한 점의 좌표는 (1+3, −2+2)=(4,0)이다.

2차원 실수평면위의 도형의 방정식을 $f(x,y)=0$으로 나타낼 수 있다. 이러한 도형을 x축의 방향으로 a, y축의 방향으로 b만큼 평행이동한 도형의 방정식은

$$f(x-a,y-b)=0$$

이다. 왜냐하면 $x'=x+a$은 $x=x'-a$으로, $y'=y+b$은 $y=y'+b$이기 때문이다.

예제 9.3 직선의 방정식 $2x-y+3=0$를 x축 방향으로 2만큼, y축 방향으로 −1만큼 평행이동한 직선의 방정식은 x 대신 $x-2$, y 대신 $y+1$을 대입하면 $2(x-2)-(y+1)+3=0$가 되어서 $2x-y-2=0$를 얻을 수 있다.

좌표평면 위에서 x축, y축, 원점 및 직선 y=x에 대한 대칭이동과 이동된 도형의 방정식에 대해 살펴보자. 초등수학의 점대칭은 원점에 대한 대칭이동이며 선대칭은 축과 직선에 대한 것이다.

정의 9.2 ▌ $\mathbb{R}^2$위의 모든 점(또는 도형)을 정점(한 점) 또는 정직선(한 직선)에 대하여 대칭인 점(또는 도형)으로 이동하는 것을 **대칭이동**(symmetric transformation)이라 하고, 점에 대한 대칭이동을 **점대칭**, 선에 대한 대칭이동을 **선대칭**이라고 한다

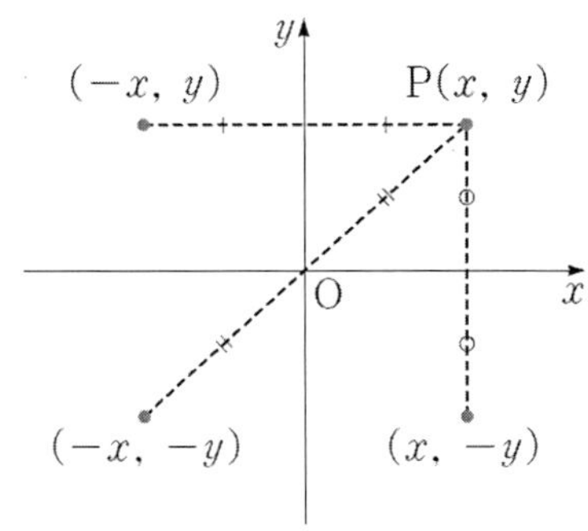

좌표평면 위의 점 $P(x,y)$를 x축에 대칭이동 시켜보자. 대칭이동한 점의 좌표 $P'(x',y')$는 오른쪽 그림과 같이 $x'=x$, $y'=-y$이 된다. 따라서 좌표평면에서 임의의 점 $P(x,y)$에 대하여,

1) x축에 대한 대칭이동은 $(x,y)\to(x,-y)$
2) y축에 대한 대칭이동은 $(x,y)\to(-x,y)$
3) 원점에 대한 대칭이동은 $(x,y)\to(-x,-y)$
4) 직선 $y=x$에 대한 대칭이동은 $(x,y)\to(y,x)$

로 나타낼 수 있다.

좌표평면위의 임의의 도형의 방정식 $f(x,y)=0$에 대해서,

1) x축에 대하여 대칭이동한 도형의 방정식은 $f(x,-y)=0$
2) y축에 대하여 대칭이동한 도형의 방정식은 $f(-x,y)=0$
3) 원점에 대하여 대칭이동한 도형의 방정식은 $f(-x,-y)=0$
4) 직선 $y=x$에 대하여 대칭이동한 도형의 방정식은 $f(y,x)=0$이다.

예제 9.3 직선 $y=-2x+3$을 x축, y축, 원점에 대하여 대칭이동한 도형의 방정식을 각각 구하여라. 직선의 도형방정식은 $f(x,y)=2x+y-3=0$이고, x축에 대칭이동한 도형의 방정식은

$$f(x,-y)=2x+(-y)-3=2x-y-3=0$$

이다. 또한 y축에 대칭이동한 도형 방정식은

$$f(-x,y)=2(-x)+y-3=-2x+y-3=0$$

이고 원점에 대칭이동한 도형 방정식은

$$f(-x,-y)=2(-x)+(-y)-3=-2x-y-3=0,$$

직선 $y=x$에 대칭 이동한 도형 방정식은 $f(y,x)=2y+x-3=0$이다.

다음으로는 도형의 회전이동에 대해 살펴보자.

정의 9.3 ▌ 평면 $\mathbb{R}^2$위의 모든 점(또는 도형)을 한 정점의 둘레로 일정한 각 θ만큼 돌리는 이동을 **회전이동**(rotational displacement)이라 한다.

오른쪽 그림과 같이 $\mathbb{R}^2$위의 점 $P(x,y)$를 각 θ만큼 회전시켜 $P'(x',y')$으로 옮기는 회전이동은

$$\begin{pmatrix} x' \\ y' \end{pmatrix}=\begin{pmatrix} \cos\theta & -\sin\theta \\ \sin\theta & \cos\theta \end{pmatrix}\begin{pmatrix} x \\ y \end{pmatrix}$$

이다.

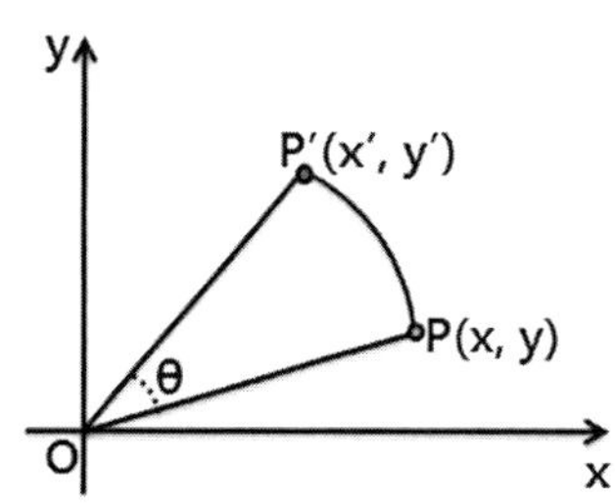

합동과 닮음

합동은 선분 사이의 관계나 각의 관계를 나타낼 때 사용하며, 통상적으로 선분의 길이나 각의 크기 등 기하학적 대상을 수량화했을 때 그 값이 같은 경우에 기하학적 대상들은 서로 합동이라고 할 수 있다. 유클리드는 원론에서 도형의 합동을 '직각은 서로 같다', '서로 겹치는 것은 같다'와 같이 기하적 도형을 공간에서 이동할 수 있고 이 이동에 의하여 두 도형이 모든 부분에서 일치하면 두 기하적 도형은 합동이다는 것이다. 이후 힐베르트에 의해 합동은 무정의 용어로 받아들였다. 여기에서 우리는 합동을 다음과 같이 정의하자.

정의(공리) 9.4 ▌ 두 도형의 모양과 크기가 서로 같을 때 두 도형을 **합동**(congruence)이라 한다.

초등수학에서는 모양과 크기가 같아서 포개었을 때 완전히 겹쳐지는 두 도형을 합동이라고 정의한다.

정의 9.5 ▌ **[삼각형의 합동]**

두 삼각형 $\triangle ABC$와 $\triangle EDF$에 대하여 각 꼭지점이 서로 일대일대응하고 대응하는 각과 변이 모두 합동일 때, 두 삼각형은 합동이다. 기호로 $\triangle ABC \equiv \triangle EDF$로 나타낸다.

삼각형의 합동조건에 대해 살펴보자.

합동공리(SAS **합동판정법**)

대응하는 두 변과 그 사잇각이 서로 같으면 두 삼각형은 합동이다.

정리 9.1 ▌ 삼각형 $\triangle ABC$에서 $AB \equiv AC$이면 $\angle B \equiv \angle C$이다.

증명 삼각형 $\triangle ABC$와 $\triangle ACB$가 주어져 있고, 꼭짓점 A와 B, B와 C, C와 B가 서로 대응한다고 가정하자. 'SAS합동판정법'에 의해 $\triangle ABC \equiv \triangle ACB$ 이므로 대응하는 각 $\angle B$와 $\angle C$는 합동이다.

다음은 SSS합동판정법과 ASA합동판정법은 증명 없이 소개한다.

정리 9.2 ▌ [SSS 합동판정법]
세 변의 길이가 서로 같으면 두 삼각형은 합동이다.

정리 9.3 ▌ [ASA 합동판정법]
두 각과 사이에 있는 변이 길이가 서로 같으면 두 삼각형은 합동이다.

다음으로 두 도형의 닮음에 대해 알아보자. 먼저 좌표평면 $\mathbb{R}^2$위에 하나의 점 P에서 다른 점 Q에 대하여 PQ 그리고 그 연장선 위에 점 Q′가 PQ : PQ′=k : 1 이 되도록 Q를 Q′에 대응시키는 변환을 **닮음변환**(simimarity transformation)이라 한다 (단, $k \neq 0$ 인 상수).

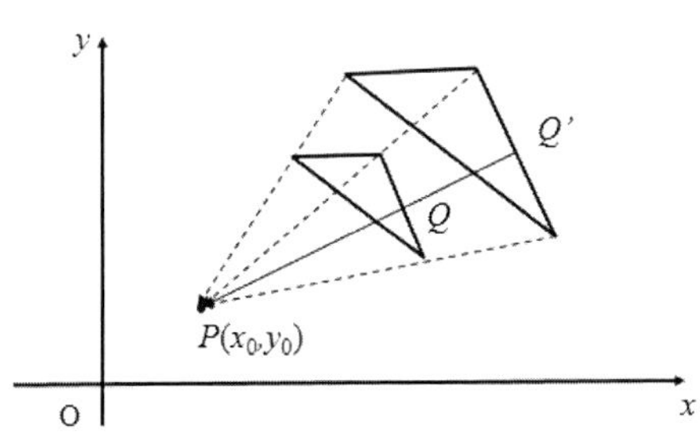

정의 9.6 ▌ 주어진 두 도형이 크기에 관계없이 모양이 같을 때 **닮음**(similarity)이라고 한다.

다시 말하면, 하나의 도형을 일정한 비율로 확대하거나 축소하여 다른 도형과 합동이 될 때 두 도형은 닮음의 관계에 있다라고 한다.

삼각형의 합동조건과 마찬가지로 삼각형 닮음 조건은 살펴보자.

정리 9.4 ▌ [삼각형의 닮음]

[SAS 닮음] 대응하는 두 변의 길이의 비가 같고 그 사잇각이 서로 같을 때

[SSS 닮음] 세 변의 길이의 비가 서로 같을 때

[AA 닮음] 두 대응각의 크기가 같을 때

아핀변환과 사영변환

특별하면서도 흔히 사용되어지는 아핀변환과 사영변환에 대해 살펴보자. 평면 $\mathbb{R}^2$ 위에서의 점 $P(x,y)$를

$$T: \begin{cases} x' = ax + by + e \\ y' = cx + dy + f \end{cases} \quad (\text{단, } D = ad - bc \neq 0)$$

에 의하여 점 $P'(x', y')$로 옮기는 변환 $T: \mathbb{R}^2 \rightarrow \mathbb{R}^2$를 **아핀**(affine) **변환**이라 한다. 아핀변환은 선형변환과 평행이동 변환의 합성으로 표현할 수 있다.

정리 9.5 ▌ [아핀변환의 성질]

(i) 직선은 직선으로 옮겨지며, 같은 직선위의 선분의 길이의 비는 불변이다.

(ii) 평행인 두 직선은 평행인 두 직선으로 옮겨진다.

(iii) 각의 크기, 면적, 직선의 방향, 두 점 사이의 거리는 보존되지 않는다.

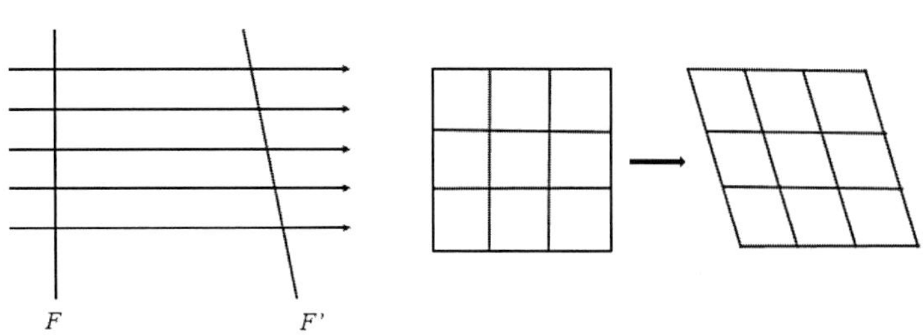

[아핀 변환]

예제 9.4 평면 $\mathbb{R}^2$위의 점 $P(x,y)$를 $x'=2x+y-1$, $y'=x-y+2$에 의해 $P'(x,y)$ 옮겨지는 아핀변환에 대하여, 단위정사각형의 네 개의 점 $P_1(0,0)$, $P_2(1,0)$, $P_3(1,1)$, $P_4(0,1)$는 위의 변환에 의해 $P_1'(-1,2)$, $P_2'(1,3)$, $P_3'(2,2)$, $P_4'(0,1)$으로 옮겨진다.

그림의 원근법과 사진의 영상이 대표적인 사영변환(projective transformation)은 평면위의 도형을 평면 밖의 한 점으로부터 빛을 비추어 다른 평면위에 투영시키는 **중심사영**(central projection)과 일정한 방향으로 평행하게 빛을 비추는 **평행사영**(parallel projection)으로 나눈다.

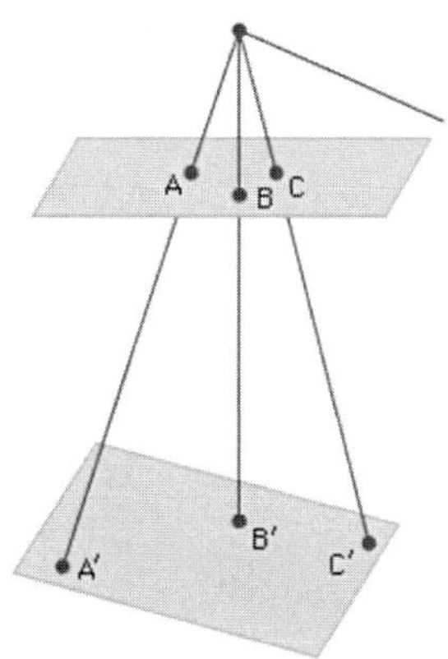

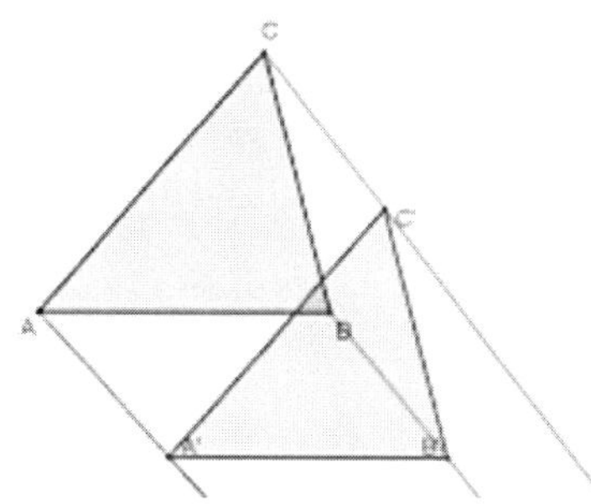

[중심사영과 평행사영]

정의 9.7 ▌ 도형 F위의 각 점과 점 O를 사선으로 맺는 것을 점 O에서 도형 F를 **사영한다**(project)고 하고, 사선을 평면 π로써 끊어서 그 교점을 만드는 것을 π로써 **절단한다**(cut)고 한다. 이때 얻어지는 도형 F'를 F의 **중심사영**(central projection)이라 한다.

정의 9.8 ▌ 어떤 도형에서 사영 및 절단을 몇 번 반복하여 차원이 같은 새로운 도형으로 변환하는 것, 즉 변환 $T : A, B, C, D \to A', B', C', D'$의 반복을 **사영변환**(projective transformation)이라 한다.

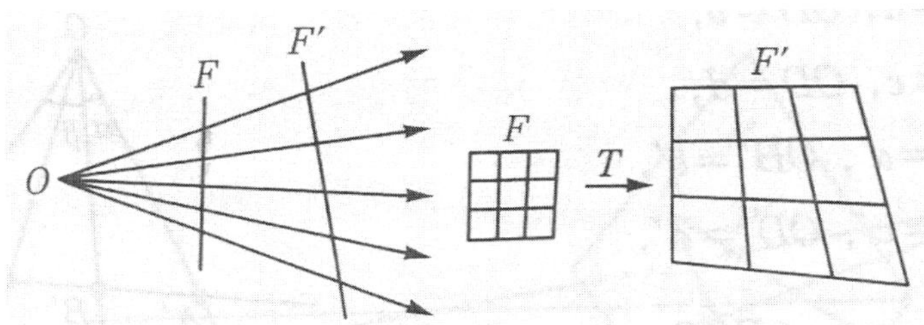

[사영변환]

정리 9.6 ▌ **[사영변환의 성질]**

(i) 사영변환에 의하면 직선은 직선으로 옮겨진다.

(ii) 한 직선위의 네 점 A, B, C, D의 복비(비조화비) $\frac{AC}{BC} : \frac{AD}{BD}$는 불변이다.

(iii) 사영변환에 있어서 두 직선의 평행선은 보존되지 않는다.

학교수학

1. 도형의 이동 (초등 4)

(1) 평행이동(밀기)

모양 조각을 밀면 어떻게 되는지 알아봅시다. 준비물 5

- 모양 조각을 위쪽, 아래쪽, 왼쪽, 오른쪽으로 밀면 어떻게 될지 생각해 보세요.
- 모양 조각을 위쪽, 아래쪽, 왼쪽, 오른쪽으로 밀어 보세요.

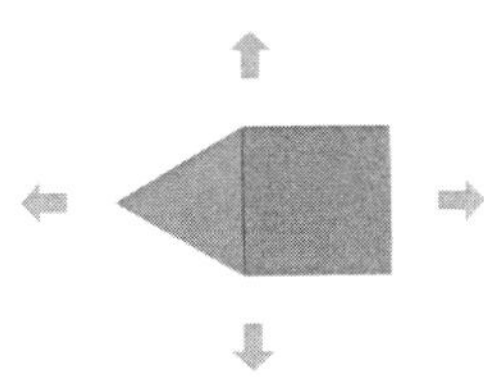

(2) 대칭이동(뒤집기)

모양 조각을 뒤집으면 어떻게 되는지 알아봅시다. 준비물 5

- 모양 조각을 위쪽, 아래쪽, 왼쪽, 오른쪽으로 뒤집으면 어떻게 될지 생각해 보세요.
- 모양 조각을 위쪽, 아래쪽, 왼쪽, 오른쪽으로 뒤집어 보세요.

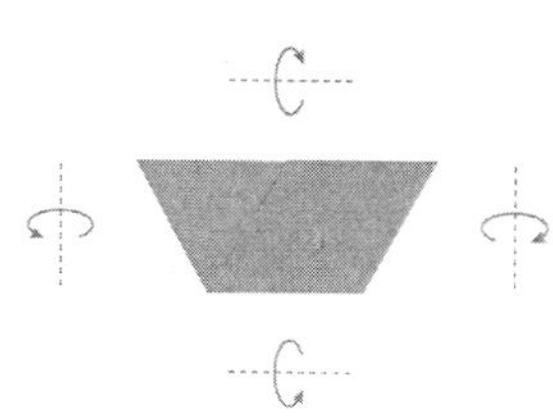

(3) 회전이동(돌리기)

모양 조각을 돌리는 방법을 알아봅시다. 준비물 6

- 모양 조각을 시계 반대 방향과 시계 방향으로 90°만큼 돌려 보세요.

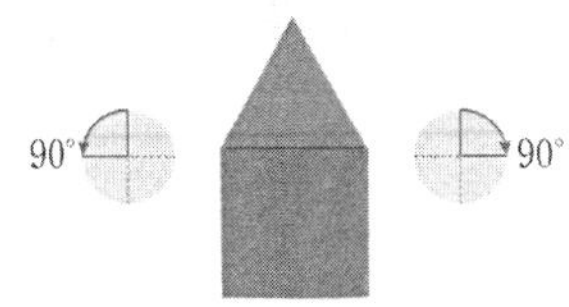

- 모양 조각을 시계 반대 방향과 시계 방향으로 180°만큼 돌려 보세요.

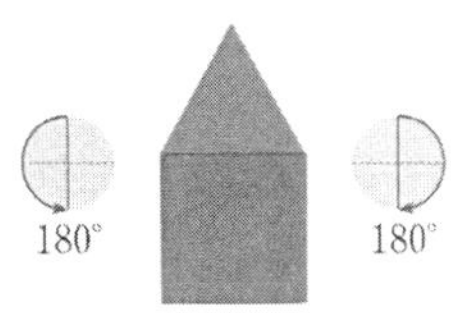

2. 합동과 대칭 (초등 5)

(1) 도형의 합동

도형의 관계 | 모양과 크기가 같아서 포개었을 때 완전히 겹쳐지는 두 도형을 서로 합동이라고 합니다.

활동 2 직사각형을 잘라 합동인 도형을 만들어 보시오.

- 직사각형을 두 조각으로 잘라 합동인 도형을 2개 만들어 보시오.

- 직사각형을 네 조각으로 잘라 합동인 도형을 4개 만들어 보시오.

(2) 선대칭도형

도형의 이름

한 직선을 따라 접어서 완전히 겹쳐지는 도형을 선대칭도형이라고 합니다.
이때 그 직선을 대칭축이라고 합니다.

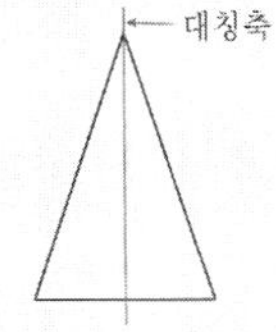

(3) 점대칭도형

도형의 이름

한 도형을 어떤 점을 중심으로 180° 돌렸을 때 처음 도형과 완전히 겹쳐지면 이 도형을 점대칭도형이라고 합니다.
이때 그 점을 대칭의 중심이라고 합니다.

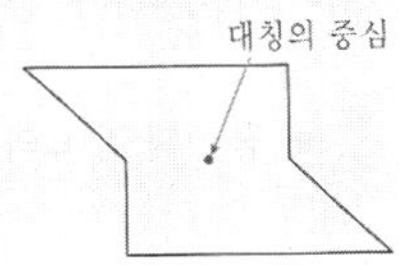

활동2 평행사변형을 몇 도 돌리면 처음 도형과 완전히 겹쳐지는지 알아보시오.

준비물 3쪽

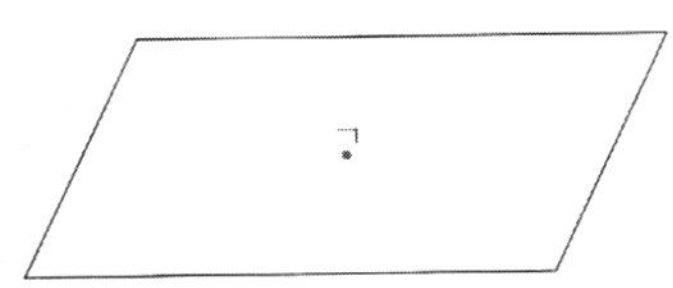

연습문제

1. 다음을 증명하여라.
   (1) 모든 직각은 서로 합동이다. (직각과 합동인 각은 직각이다)
   (2) 맞꼭지각은 서로 합동이다.
   (3) 합동인 각의 보각은 서로 합동이다.

2. 삼각형 ABC에서 ∠B = ∠C이면 AB = AC임을 증명하여라.

3. 다음은 삼각형의 합동조건인 ASA **합동판정법**이다. 이를 증명하여라.

> **정리 ▎** △ABC와 △DEF에서 AC = DF, ∠A = ∠D, ∠B = ∠E이면 △ABC와 △DEF는 합동이다.

4. 좌표 평면위의 네 개의 점 $P_1(0,0)$, $P_2(1,0)$, $P_3(1,1)$, $P_4(0,1)$를 꼭지점으로 갖는 정사각형을 **단위정사각형**(unit square)이라 한다. 단위정사각형을 원점을 중심으로 반시계방향으로 45° 회전하였을 때 회전이동을 구하여라.

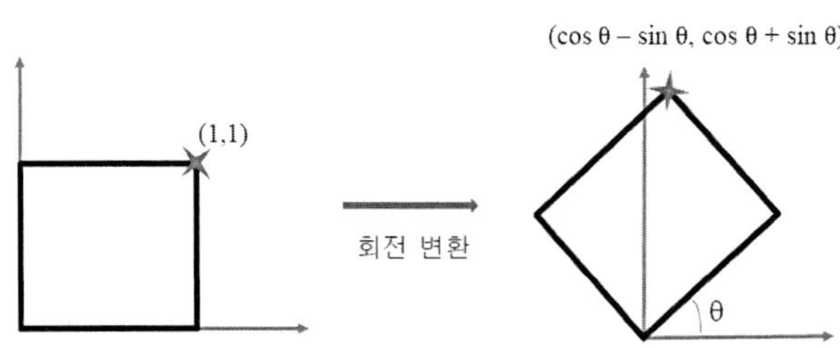

5. 두 직각삼각형에서 빗변과 직각을 낀 한변이 서로 합동이면 두 삼각형은 합동임을 증명하여라.

6. 평면 $\mathbb{R}^2$ 위의 점 $P(x,y)$가 $P'(x,y)$으로 옮겨지는 아핀변환 T가 $x' = 2x - y - 3$, $y' = x - y + 1$에 의해 주어져 있을 때 단위정사각형의 네 꼭지점과 모양은 어떻게 옮겨지는가?

읽을거리

초등수학에서 도형의 변환

초등수학의 기하 영역에서 도형의 이동은 도형의 밀기(옮기기), 뒤집기, 돌리기가 나타나며 평행이동, 대칭이동, 회전이동을 의미한다.

- 도형 뒤집기, 대칭이동 : 대칭축, 선대칭 도형
- 도형 돌리기, 회전이동 : 대칭의 중심, 점대칭 도형, 점대칭 이동

학생들은 다양한 기하 활동을 통하여 공간감각과 공간능력을 기르고 기하적인 개념을 발달시키며 탐구 능력과 추론 능력을 증진시킨다.

□ 5×5 기하판을 이용한 도형의 평행, 대칭, 회전이동

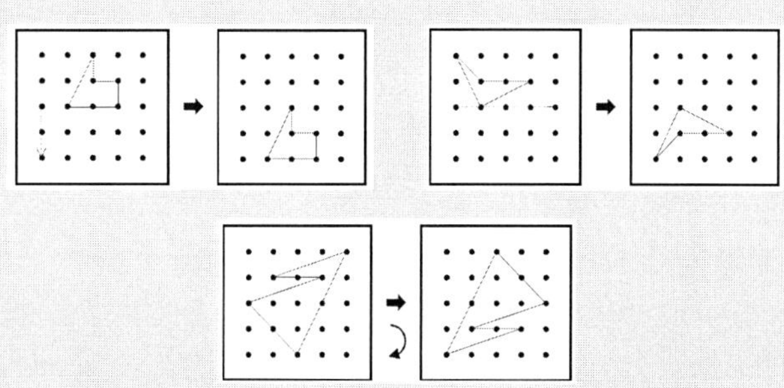

□ 펜토미노(정사각형 5개를 변끼리 연결)와 헥소미노(정사각형 6개를 변끼리 연결)를 이용한 선대칭도형과 점대칭도형 찾기

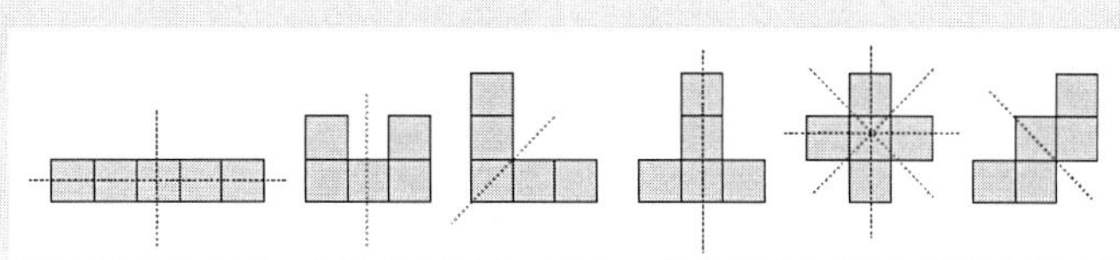

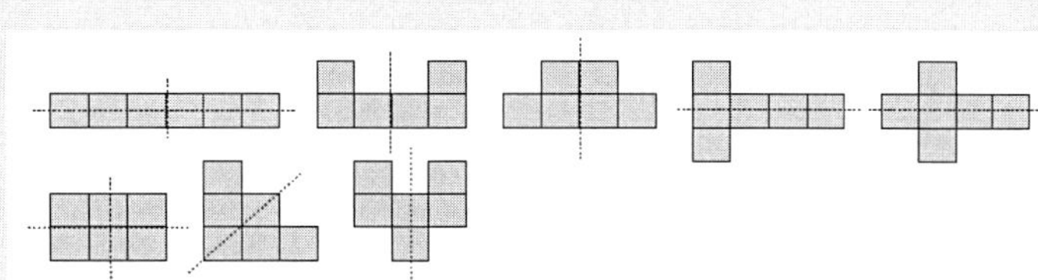

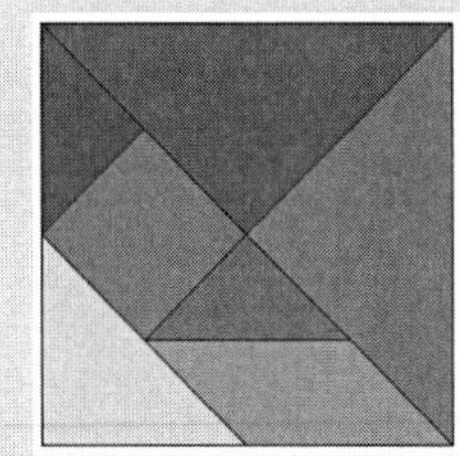

□ 초등수학에서 합동은 두 도형이 완전히 포개어지는 도형, 즉 크기와 모양이 같은 도형을 말한다. 학생들에게 친숙한 칠교판을 이용하여 합동인 칠교 조각 찾기, 합동인 삼각형을 찾는 활동과 범위를 넓혀 사각형, 오각형, 다각형으로 합동에 대한 개념을 자연스럽게 터득할 수 있게 한다.

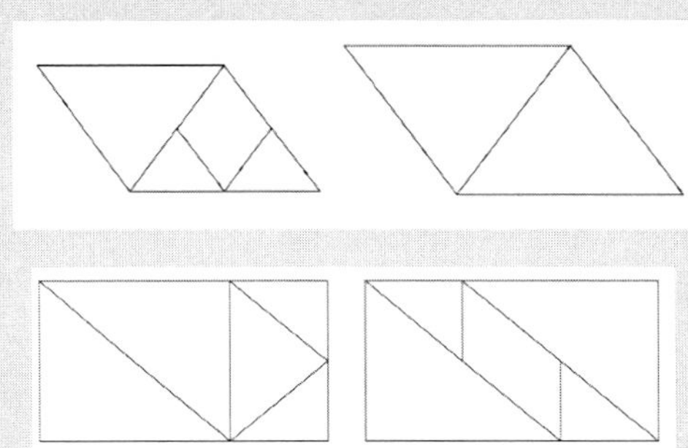

[칠교조각으로 만든 합동인 두 평행사변형과 직사각형]

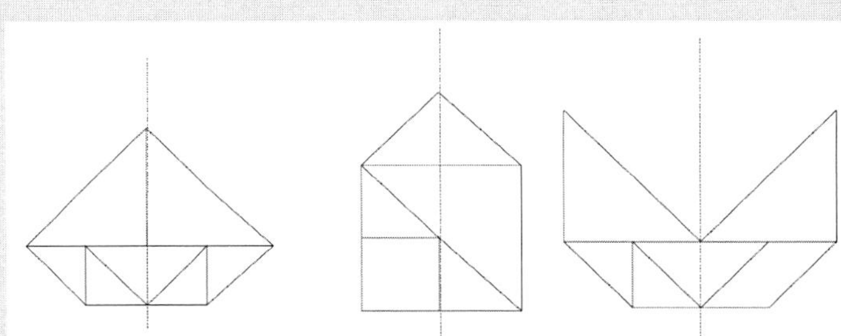

[두 개 이상이 칠교조각으로 만든 합동인 선대칭 도형]

Chapter 10

산술과 대수적 구조

생각열기

☞ 선생님이 3, 8을 말하면 학생들이 11이라고 대답한다. 이것은 덧셈을 배우는 초등학교 1학년 수업상황이다. 만약 선생님이 갑자기 "2와 바다"를 말한다면 학생들은 어떠한 반응이 나올까?

☞ 선생님이 일찬이에게 "3+8은 무엇인가?"라고 질문하자 일찬이는 "3+8은 5+6이에요"라고 대답했다. 맞는 대답인가? 틀린 대답인가? 이 질문에서 선생님이 수학적 의도와 일찬이의 수학적 의도는 무엇인가?

☞ 우리가 일반적으로 사용하는 숫자의 사칙연산(덧셈, 뺄셈, 곱셈, 나눗셈)에는 어떠한 규칙이 있을까?

대수학은 대수(代數, 수를 대신함)라는 의미대로, 수를 대신해서 문자를 사용하는 방법으로, 방정식을 푸는 방법을 연구하는 학문에서 시작되었다. 대수학은 수학에서 가장 일반화와 추상화되어 있으며, 우리가 앞에서 배운 수학의 기초와 기본개념인 수리논리, 집합, 관계(함수, 동치, 순서) 등을 기반으로 하여 임의의 주어진 집합과 그 집합에 정의된 연산(operation)이 어떠한 성질을 만족하는지를 살펴보는 것이 대수학의 중요한 특징 중의 하나이다. **대수적 구조**(algebraic structure)는 주어진 연산에 관한 추상적인 성질로 정의된 구조를 의미한다.

학교수학에서 대수는 **산술**(arithmetic)이라고도 하며, 산술은 수학이 가장 역사 깊은 분야로, 수의 개념이나 수에 대하여 간단한 계산을 하는 방법, 그 성질이나 계산의 법칙 등의 이론적인 방법을 다룬다. 이러한 산술은 2개 이상의 수를 결합하는 모든 법칙을 다루며, 기초 산술은 초등학교 과정에서 배운 덧셈, 뺄셈, 곱셈, 나눗셈을 비롯한 분수, 비와 비율 등도 기초 산술에 해당된다.

이항연산

수의 덧셈과 곱셈에 대한 통상적인 산술을 배울 때, 기본적으로 어떤 법칙을 배움으로서 주어진 두 수의 그 답으로 어떤 수를 대응하도록 하는 방법에 이르게 된다. 산술의 기본 개념인 연산의 개념은 좀 더 일반적인 함수의 개념으로부터 나오며, 매우 포괄적인 의미로 사용된다. 이에 대한 형식적인 정의는 다음과 같다.

> 정의 10.1 ▎ 원소의 집합 S위에서 **이항연산**(binary operation) $*$는 S의 원소들의 각 순서쌍 (a,b)에 어떤 적당한 S의 원소를 대응시키는 **규칙**이다.

이 정의에서 순서쌍의 원소의 순서는 중요하다. 왜냐하면 (a,b)에 대응하는 원소와 (b,a)에 대응하는 원소가 다를 수 있기 때문이다. 그러므로 집합 S위의 이항연산 $*$를 정의하려면 다음 두 가지 주의 사항이 있음을 알게 된다. 첫째, S의 원소들이 각 순서쌍에 꼭 하나의 원소를 대응시켜야 한다. 둘째, S의 원소들의 각 순서쌍에 대하여 그것에 대응된 원소는 다시 S에 속해야 한다.

예제 10.1 $\mathbb{Q}^+$**를 양의 유리수의 집합이라 하자**. $\mathbb{Q}^+$에서 $a*b=a/b$로 정의하면 위의 두 조건을 만족하므로 $*$는 $\mathbb{Q}^+$위에서 이항연산이 된다. 하지만 $\mathbb{Z}^+$에서 $a*b=a/b$로 정의하면 $2*5\notin\mathbb{Z}^+$이므로 이항연산이 아니다.

예제 10.2 (1) 덧셈 $+$는 $\mathbb{R}$위에서 이항연산이다. 또한 상용 곱셈은 $\mathbb{R}$위에서 또 다른 이항 연산이다. 이 예제에서 $\mathbb{R}$을 $\mathbb{C}$, $\mathbb{Z}$, $\mathbb{R}^+$ 또는 $\mathbb{Z}^+$의 어떤 것으로도 대신할 수 있다.

(2) $M(\mathbb{R})$는 실수를 요소로 갖는 모든 행렬의 집합이라고 하자. 상용의 행렬 덧셈은 이 집합에서 이항연산이 아니다. 왜냐하면, 다른 형태의 행렬의 순서쌍 (A,B)에 대하여 $A+B$가 정의되어 있지 않기 때문

이다.

(3) $\mathbb{R}^*$는 영을 제외한 모든 실수의 집합이라 하자. $2+(-2)$는 $\mathbb{R}^*$에 속하지 않기 때문에 $\mathbb{R}^*$위에서의 상용 덧셈은 이항연산이 아니다. 즉 $\mathbb{R}^*$는 $+$에 대해 닫혀 있지 않다.

주어진 집합에 연산을 다양하게 정의 할 수 있으며 연산의 성질에 따라 서로 다른 대수적 구조를 갖기도 한다. 그럼 어떤 집합위의 이항연산 $*$에 관한 기초적인 성질들에 대해 살펴보자.

정의 10.2 ▌ 어떤 집합 S위에서 이항연산 $*$가 정의되고, 모든 $a,b \in S$에 대하여

$$a * b = b * a$$

이면 $*$는 **가환**(commutative) 또는 **집합 S는 연산** $*$**에 대하여 교환법칙**(commutative law)을 **만족한다**라고 한다.

정의 10.3 ▌ 집합 S위에서 이항연산 $*$이 모든 $a,b,c \in S$에 대하여

$$(a * b) * c = a * (b * c)$$

이면 $*$는 **결합적**(associative) 또는 **집합 S는 연산** $*$**에 대하여 결합법칙**(associative law)을 **만족한다**라고 한다.

예제 10.3 (1) $\mathbb{R}$위의 상용 덧셈과 곱셈은 각각 가환이고 결합적이다. 또한 $\mathbb{N}$, $\mathbb{Z}$, $\mathbb{C}$, $\mathbb{R}^+$ 또는 $\mathbb{Z}^+$의 상용 덧셈과 곱셈은 가환이고 결합적이다.

(2) 임의의 원소 a, b에 대하여, $a * b = a + b + ab$로 정의된 연산 $*$에 대해서 가환이고, 결합적임을 쉽게 알 수 있다.

정의 10.4 ∥ $*$가 집합 S에서의 연산이라 하자. 모든 $a \in S$에 대하여

$$e * a = a * e = a$$

인 $e \in S$를 연산 $*$에 관한 **항등원**(identity)이라고 한다.

예제 10.4 (1) 실수 위의 상용 덧셈의 항등원은 0이고, 곱셈의 항등원은 1이다.

(2) 집합 $M = \{a, b, c\}$에서의 연산 $*$을 오른쪽 표와 같이 정의한다: (왼쪽 i번째 원소)$*$(위쪽 j번째 원소)=(표 안의 i번째 행과 j번째 열의 원소). 이 경우 집합 M은 $*$에 관한 항등원 b를 갖는다.

$*$	a	b	c
a	a	a	b
b	a	b	c
c	b	c	c

정의 10.5 ∥ $*$를 집합 S에서의 연산, $e \in S$를 연산 $*$에 관한 항등원이라고 하자. 이 경우 모든 $a \in S$에 대하여

$$a * a^{-1} = a^{-1} * a = e$$

인 성질을 갖는 $a^{-1} \in S$를 a의 **역원**(inverse)이라고 한다.

정의 10.6 ∥ 두 연산 $\circ$, $*$가 모든 $a, b, c \in S$에 대하여

$$a \circ (b * c) = (a \circ b) * (a \circ c)$$

인 경우 연산 $\circ$를 연산 $*$위에서 **배분법칙**(distributive law)이 성립한다고 한다. 특히 이 경우를 **좌배분법칙**(left distributive law)이 성립한다고 한다.

대수적 구조

가장 간단한 대수적 구조 중 하나인 군에 대해 살펴보자. 먼저 정수의 집합 ℤ에서 덧셈 연산은 결합법칙이 성립하고, 덧셈에 관한 항등원과 모든 원소는 덧셈에 대한 역원을 가진다. 이러한 구조를 일반화하여 군은 다음과 같이 정의한다.

정의 10.7 ▎ 이항연산 $*$를 갖고 있는 공집합이 아닌 집합 G가 다음의 공리(axiom)를 만족할 때 $<G, *>$를 **군**(group)이라 부른다.

A1. 집합 G는 연산 $*$에 대하여 결합법칙을 만족한다.

A2. 연산 $*$에 관한 항등원이 존재한다.

A3. 집합 G에 속하는 모든 원소의 역원이 존재한다.

특별히 군 G에서 이항연산 $*$가 가환이면 군 G는 **아벨군**(abelian group) 또는 **가환군**(commutative group)이라 한다. 한편, 군 G가 집합으로서 유한집합일 때 **유한군**(finite group), 집합으로서 무한집합일 때 **무한군**(infinite group)이라 한다.

예제 10.5 (1) 집합 $\mathbb{Z}^+$는 연산 $+$에 대해서 군이 아니다. $\mathbb{Z}^+$에서 $+$에 대한 항등원이 존재하지 않는다.

(2) 연산 $+$를 갖는 음이 아닌 정수(0을 포함)의 집합은 여전히 군이 아니다. 항등원 0은 있지만 2에 대한 역원은 없다.

(3) 연산 $+$를 갖는 집합 ℤ는 군이며 정의의 모든 조건이 만족된다. 즉, 이 군은 가환군이다.

(4) 연산 곱셈을 갖는 집합 $\mathbb{Z}^+$는 군이 아니다. 항등원 1은 있지만 3의 역원이 없다.

(5) 연산 곱셈을 갖는 $\mathbb{Q}^+$는 군이다. 정의의 모든 조건들이 만족되며 이 군은 가환군이다.

모든 군은 항등원이 유일하며, 이는 왼쪽 역원과 오른쪽 역원이 서로 일치함을 알려준다. 그리고 역원이 존재한다는 사실에서 좌우약분법칙의 성립과 일차 선형방정식의 해의 존재성을 보장해 준다. 이외에 간단한 군의 기본 성질들에 대해 살펴보자.

정리 10.1 ‖ G가 이항 연산 $*$를 갖는 군이라 하자.

(i) 임의의 $a \in G$에 대하여, $(a^{-1})^{-1} = a$이다.

(ii) 임의의 $a, b \in G$에 대하여, $(a * b)^{-1} = b^{-1} * a^{-1}$이다.

(iii) 모든 $a, b \in G$에 대해서 일차 방정식 $a * x = b$와 $y * a = b$는 G에서 유일한 해를 갖는다.

(iv) 모든 $a, b, c \in G$에 대해서 $a * b = a * c$이면 $b = c$이고 $b * a = c * a$이면 $b = c$이다.

증명 (i) $a^{-1} * a = a * a^{-1} = e$ 이므로 역원의 정의에 의하여 a^{-1}의 역원은 a이다. 즉 $(a^{-1})^{-1} = a$이다.

(ii) $(a * b) * (b^{-1} * a^{-1}) = a * b * b^{-1} * a^{-1} = a * (b * b^{-1}) * a^{-1} = a * e * a^{-1} = (a * e) * a^{-1} = a * a^{-1} = e$.

(iii) 우선 $a^{-1} * b$가 $a * x = b$의 해임을 단순한 계산으로 보여 줌으로서 적어도 하나의 해가 존재함을 보이자.

$$\begin{aligned} a * (a^{-1} * b) &= (a * a^{-1}) * b && \text{(결합법칙)} \\ &= e * b && (a^{-1}\text{의 정의}) \\ &= b && \text{(e의 성질)} \end{aligned}$$

따라서 $x = a^{-1} * b$가 $a * x = b$의 하나의 해가 된다. 같은 방법으로 $y = b * a^{-1}$는 $y * a = b$의 해이다. y의 유일성을 보이기 위해서 두 해 y_1과 y_2를 가졌다고 가정하는 전형적 방법을 사용한다. 즉, $y_1 * a = b$이고 $y_2 * a = b$이면, $y_1 * a = y_2 * a$이고 a를 소거하면 $y_1 = y_2$가 된다. 마찬가지로 x의 유일성을 보일 수 있다.

(iv) $a * b = a * c$라 가정하자. A3에 의해서 a^{-1}이 존재하고 또한 $a^{-1} * (a * b) = a^{-1} * (a * b)$이다. 결합 법칙에 의하여 $(a^{-1} * a) * b = (a^{-1} * a) * c$ 이다. A3에서 a^{-1}의 정의에 의하여 $a^{-1} * a = e$이며 따라서 $e * b = e * c$를 얻는다. A2에서 e의 정의에

의하여 $b=c$가 된다. 마찬가지로 $b*a=c*a$로부터 오른쪽에 a^{-1}를 곱하고 군에 대한 공제를 사용하여 $b=c$를 얻을 수 있다.

군의 구조를 파악하는 것이 중요한 하나의 이유는 방정식의 가해성을 알기 위하여 군의 구조가 가해군인지 살펴보아야 한다는 것이다.

앞에서 살펴본 군은 이항연산자가 하나로 정의되었다면, 두 개의 이항 연산자인 덧셈과 곱셈이 정의된 대수적 구조를 가지는 환(ring), 체(field)에 대해 알아보자. 먼저 일반적인 환(ring)에 대한 정의는 아래와 같다.

정의 10.8 ▌ 집합 R과 두 개의 이항연산 덧셈(+)과 곱셈(·)에 대하여 다음 공리를 만족할 때 $<R, +, \cdot>$를 **환**(ring)이라고 부른다.

R1. $<R, +>$는 가환군(commutative group)이다.

R2. 곱셈(·)은 결합적이다.

R3. 모든 a, b, $c \in R$에 대하여 좌·우측배분법칙이 성립한다.
즉, $a \cdot (b+c)=(a \cdot b)+(a \cdot c)$, $(a+b) \cdot c=(a \cdot c)+(b \cdot c)$

예제 10.6 (1) 정수들의 집합 $\mathbb{Z}$위에 상용의 덧셈(+)과 곱셈(·)연산에 대해서 $(\mathbb{Z}, +, \cdot)$은 환이다. 이 예제에서 $\mathbb{Z}$을 $\mathbb{C}$, $\mathbb{R}$, $\mathbb{R}^+$ 또는 $\mathbb{Z}^+$의 어떤 것으로도 대신할 수 있다.

(2) $M_n(\mathbb{R})$는 실수를 요소로 갖는 모든 $n \times n$행렬의 집합이라고 하자. 상용의 행렬 덧셈과 곱셈 연산에 대하여 환이다.

덧셈에 대한 항등원을 환의 **영원**(zero)이라 하고 0으로 나타낸다. 실수에서 0에 어떤 수를 곱해도 0이고, 음수와 음수를 곱하면 양수이며, 양수에 음수를 곱하면 음수이다. 이러한 성질은 일반적인 환의 경우에 다음과 같이 일반화된다.

정리 10.2 ▌ 임의의 $a, b \in R$, $n \in \mathbb{Z}$에 대하여 R이 환일 때 다음이 성립한다.

(i) $a+a=a$ 이면 $a=0$이다.

(ii) $0a=0=a0$.

(iii) $(-a)b=a(-b)=-(ab)$.

(iv) $(-a)(-b)=ab$.

(v) $(na)b=a(nb)=n(ab)$ (na는 a를 n번 연산).

증명 증명은 독자에게 남긴다.

예제 10.7 $2\mathbb{Z}$를 2의 배수의 정수 집합이라 하면 상용의 덧셈과 곱셈 연산에 대하여 $(2\mathbb{Z}, +, \cdot)$는 환이다. 곱셈에 대한 역원이 존재하지 않지만, 곱셈에 대한 항등원을 갖는 경우가 있다. 이때 곱셈에 대한 항등원을 **단위원**(unity)이라 하고 1로 나타낸다. 집합 $\mathbb{Q}$, $\mathbb{R}$, $\mathbb{C}$는 모두 적당한 덧셈과 곱셈에 대하여 단위원이 존재하는 가환환을 이루며 0을 제외한 모든 원소가 역원을 갖는다.

정리 10.3 ▌ R이 단위원을 갖는 환이면 이 단위원 1은 곱에 대한 유일한 항등원이다.

증명 군에서의 방법과 같은 방법으로 1과 $1'$를 환 R의 곱에 대한 항등원이라 하고 계산을 하자. 1을 항등원으로 간주하면

$$(1)(1')=1$$

을 얻는다. 또 $1'$이 항등원이므로 $(1)(1')=1'$이다. 그러므로 $1=1'$.

정의 10.9 ❙ 집합 F과 두 개의 이항연산 덧셈(+)과 곱셈(·)에 대하여 다음 공리를 만족할 때 가환환인 $\langle F, +, \cdot \rangle$를 **체**(field)이라고 부른다.

F1. 이항연산 +와 ·의 항등원이 각각 0와 1이고, $0 \neq 1$이다.

F2. F은 모든 원소에 대하여 연산 +의 역원을 원소로 갖는다.

F3. F는 0을 제외한 모든 원소에 대하여 곱셈 연산의 역원을 갖는다.

예제 10.8 집합 $\mathbb{Q}$, $\mathbb{R}$, $\mathbb{C}$들은 상용의 덧셈과 곱셈 연산에 대해 모두 체이다. 하지만 $\mathbb{Z}$는 체가 아니다. 왜냐하면, 2는 곱셈에 대한 역원을 갖지 않으므로 2는 $\mathbb{Z}$에서의 가역원은 1과 -1뿐이다.

학교수학

1. 교환법칙

(1) 덧셈의 교환법칙 (초등 1)

두 수를 바꾸어 더해 봅시다.

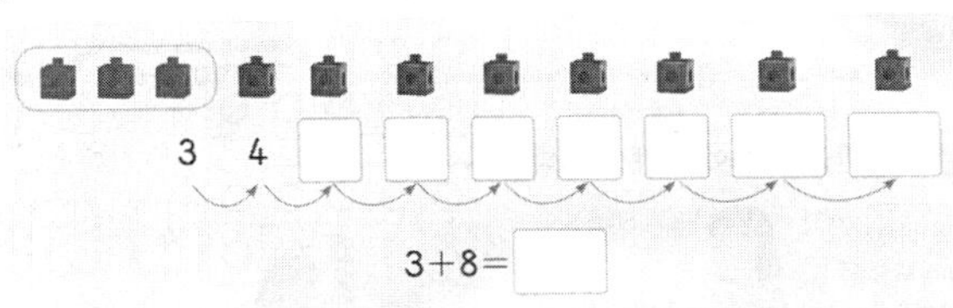

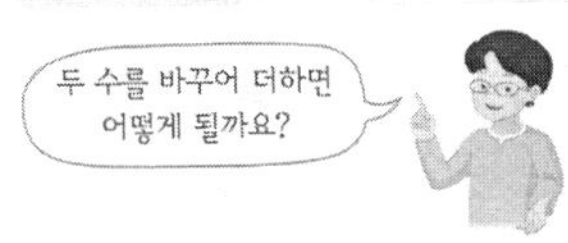

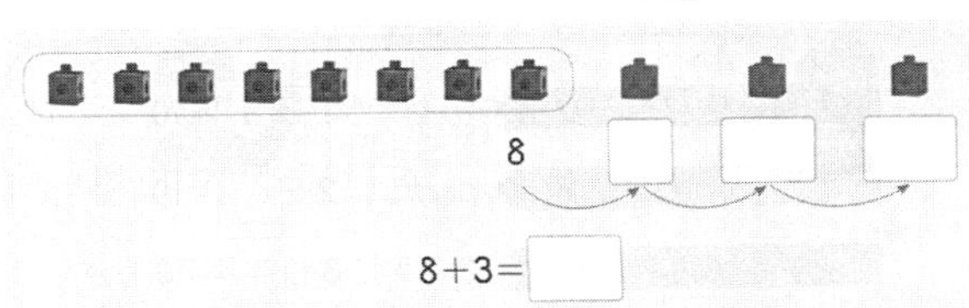

• 두 식으로부터 알게 된 점을 말해 보세요.

(2) 곱셈의 교환법칙 (초등 2)

5×7과 7×5를 알아봅시다.

• 왼쪽의 곱셈표에서 5×7과 7×5를 찾아 색칠해 보세요.

• 5×7과 7×5의 곱을 비교해 보세요.

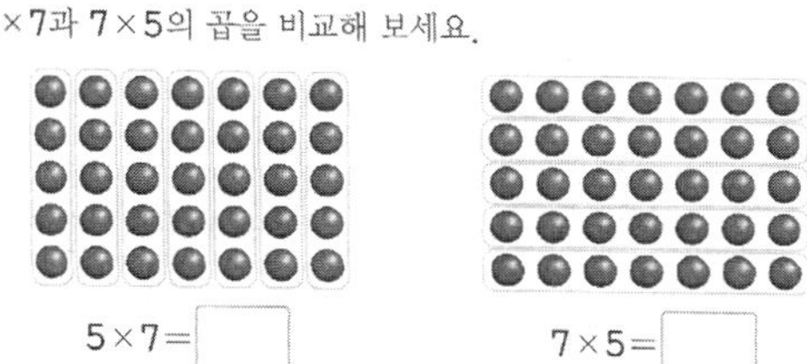

• 곱셈표에서 8×4와 곱이 같은 곱셈구구를 찾아보세요.

• 곱셈표에서 9×7과 곱이 같은 곱센구구를 찾아보세요.

2. 혼합계산 (초등 4)

(1) 덧셈과 뺄셈 & 괄호

● 세 식을 하나의 식으로 나타내어 보시오.

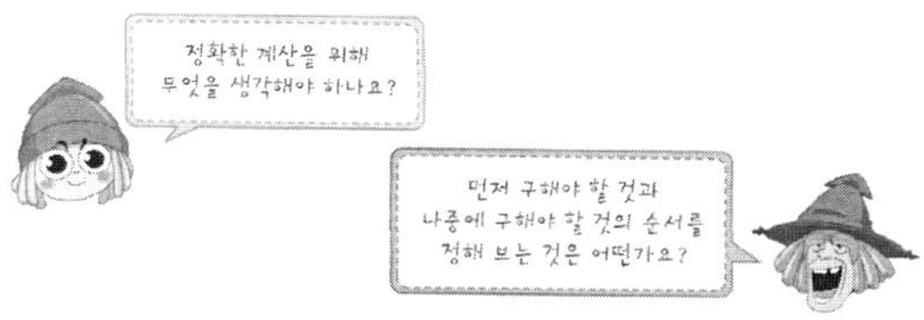

계산의 순서

덧셈, 뺄셈, 곱셈이 섞여 있는 식은 곱셈을 먼저 계산합니다.
(　　)가 있는 식은 (　　)안을 먼저 계산합니다.

(2) 덧셈과 뺄셈 & 곱셈과 나눗셈

계산의 순서

덧셈, 뺄셈, 곱셈, 나눗셈이 섞여 있는 식은 곱셈과 나눗셈을 먼저 계산합니다.

활동2

8000원으로 카레 4인분을 만드는 데 필요한 재료를 사고 남은 돈을 알아보는 식의 계산 방법에 대해 알아보시오.

(처음의 돈)−(카레 4인분의 재료를 산 돈)=(남은 돈)

● 계산 순서를 생각하며 계산하시오.

$$8000-2400-500\times4-2400\div2=\square$$

(3) 소괄호와 중괄호

계산의 순서

식에 쓰이는 괄호에는 소괄호 (　　), 중괄호 {　　}가 있습니다.
(　　), {　　}가 있는 식은 (　　) 안을 먼저 계산한 후
{　　} 안을 계산합니다.

활동2

두 식의 계산 순서를 비교해 계산하시오.

$$90-30\times2-(25+23)\div2=\square$$

$$90-\{30\times2+(25+23)\div2\}=\square$$

연습문제

1. 주어진 집합에서 이항연산 '∗'가 군의 구조를 이루는지 결정하시오.
   (1) $\mathbb{Z}$에서 이항연산 ∗를 $a*b=ab$로 정의한다.
   (2) $\mathbb{Z}$에서 이항연산 ∗를 $a*b=a-b$로 정의한다.
   (3) $\mathbb{Q}$에서 이항연산 ∗를 $a*b=ab$로 정의한다.
   (4) $\mathbb{R}^+$에서 이항연산 ∗를 $a*b=ab$로 정의한다.
   (5) $\mathbb{R}$에서 이항연산 ∗를 $a*b=ab$로 정의한다.

2. S는 -1을 제외한 모든 실수의 집합이라 하자. S위에서 ∗를 $a*b=a+b+ab$로 정의하자.
   (1) ∗는 S위에서의 이항연산임을 보이시오.
   (2) $<S, *>$가 군임을 보이시오.
   (3) S에서 방정식 $2*x*3=7$의 해를 구하시오.

3. 주어진 덧셈과 곱셈 연산이 그 집합위에서 정의되어 환구조를 만드는지를 결정하시오.
   (1) 일반적인 덧셈과 곱셈을 갖는 $n\mathbb{Z}$
   (2) 일반적인 덧셈과 곱셈을 갖는 $\mathbb{Z}^+$
   (3) 성분에 의한 덧셈과 곱셈을 갖는 $\mathbb{Z}\times\mathbb{Z}$
   (4) 성분에 의한 덧셈과 곱셈을 갖는 $2\mathbb{Z}\times\mathbb{Z}$

4. 정수의 집합 $\mathbb{Z}$에서 방정식 $3+x=7$를 풀 수 있도록 해주는 덧셈에 관한 대수적 성질을 군의 정의와 관련지어 설명하시오.

5. 유리수의 집합 Q에서 방정식 $3x=7$를 풀 수 있도록 해주는 덧셈에 관한 대수적 성질을 군의 정의와 관련지어 설명하시오.

읽을거리

0으로 나누는 것

나눗셈에서는 어째서 '0'으로 나누어서는 안 되는가를 생각해보자. 예를 들어, 여기서 $4 \div 2 = 2$라는 등식에서 살펴보자. 이것은 곱셈으로 생각하면 $4 = 2 \times 2$이다. 같은 방법으로 $4 \div 0$을 살펴보자. 그 답을 x라고 하면 $4 \div 0 = x$가 된다. 앞에서와 같이 곱셈으로 생각하면 $4 = 0 \times x$가 된다. 하지만, 0에 어떤 수를 곱해도, 답은 반드시 0이 된다. 그 때문에 앞 식에서 $4 = 0$이 되어서 이상한 것이 되어버린다. 그것은 이러한 x가 존재한다는 가정에서부터 생겨난 것으로, 본래는 이러한 x는 존재하지 않는다. 즉 계산되지 않는 것이다. 여기서 다른 방법으로 왜 '0'으로 나누어서는 안 되는가를 생각해 보자.

$5x + 5 = 3x + 3$(분배법칙의 역을 사용) → $5(x+1) = 3(x+1)$ (양변을 $x+1$로 나눈다) → $5 = 3$이 된다. 일반적으로 이 방정식을 풀면, $x = -1$이 된다. 답의 $x = -1$을 $x + 1 = 0$이라고 하면 2번째에서 3번째로 가는 가운데 양변을 0으로 나누어 버리는 것이 된다. 이것이 오류이다. 이와 같이 0으로 나누는 것을 인정해버리면, 지금까지의 계산 법칙이 붕괴되어 버리므로 0으로 나누는 계산은 할 수 없는 것으로 하고 있다. 따라서 답은 '불능'이 된다. 이것과 비슷한 $0 \div 0$은 무엇이 될까? $0 \div 0 = x$라고 하면, $0 = x \times 0$이 된다. 여기서 x는 어떠한 값이 와도 이 등식은 성립한다. 이번에는 답이 무엇이든 된다는 것으로, 한가지로 한정할 수 없다. 따라서 답은 '부정'이다. 그러므로 0으로 0을 나누는 것도 할 수 없는 것으로 하고 있다. 이상으로부터 0으로 나누는 것을 금지하고 있는 것이다.

등식(equation)

수학에서 가장 중요한 기호는 등호(=)이다. 이 기호는 양쪽의 두 양(quantity)이 서로 같다는 것을 주장할 때 사용된다. 하나의 등식은 이러한 형태의 임의의 서술이다. 물론 7=7과 같은 명백한 등식은 흥미로움이 떨어진다. 그러나 equality가 보다 덜 당연할 때 등식은 유용하다. 하나의 유명한 예가 $E=mc^2$이다. 물리에서 이 등식은 하나의 물체에 포함된 에너지는 그것의 질량과 빛의 속도의 제곱의 곱과 같다는 것이다(에너지=질량×빛의 속도^2). 물리에서 많은 기본적인 법칙들은 이러한 형태의 등식들을 수반한다. 만약 하나의 수 x가 $2x+1=9$를 만족한다면, 이 등식은 정확한 x를 찾기 위한 충분한 정보를 포함하고 있다. 만약 위의 등식이 사실이라면 단지 하나의 가능한 값 x가 존재한다. 임의의 등식에서, 주요한 법칙은 그 등식이 사실이기를 위해서는 양변이 동일하다는 것을 항상 밝히는 것이다. 만약 당신이 한 변에 1를 빼기를 원한다면, 당신은 양변에 그렇게 해야 될 것이다. 즉 $2x=8$. 비슷하게, 한 변에 2로써 나눌 때, 당신은 양쪽을 그렇게 해야 될 것이다. $x=4$. 이것은 지금 원 식의 '해'가 된다.

Chapter 11 확률과 통계

생각열기

☞ 우리 반 30명 중에서 생일이 같은 학생이 있을 확률은 얼마일까요?

30명의 생일이 서로 다를 확률이 $\frac{365}{365} \times \frac{364}{365} \times \cdots \times \frac{336}{365} \fallingdotseq 0.29$ 이므로 생일이 같은 학생이 있을 확률은 약 71%가 된다. 그렇다면 나와 생일이 같은 사람을 찾아봐야지!

☞ 나명중이 실내양궁장에서 화살을 다섯 번 쏘아서 두 번은 9점을 세 번은 10점을 맞추었다. 그가 얻은 점수의 평균은 몇 점일까요?

A : 나명중의 평균점수는 $\frac{9+10}{2} = 9.5$ 점이죠.

B : 아니죠. 그의 평균 점수는 $\frac{(9 \cdot 2)+(10 \cdot 3)}{5} = 9.6$ 점입니다.

여러분은 어떻게 생각하나요?

확률과 통계는 우리의 일상생활과 밀접한 관계를 가지고 있다. 물가지수, 경제성장률, 실업률 등과 같은 경제 현상을 나타내는 지수를 비롯하여 유권자의 정당 지지도, 우리나라의 각종 농산물 생산량의 추이, 가계 동향 조사, 학생들의 신체발달 변화 등 사회전반의 다양한 분야에서 활용되고 있다. 일기예보의 비가 올 확률, 인구 증가율, 총수출 예상액 등과 같은 정보는 수집된 자료를 근거로 미지의 사실을 예측한 수치로서 이러한 정보는 통계를 통하여 얻어진 것들이다. 또한 확률은 우리가 살아가면서 접하게 되는 많은 선택의 순간들에서 최선의 선택을 할 수 있는 기반을 제공하여 합리적이고 현명한 선택을 할 수 있도록 이끈다. 따라서 확률 및 통계이론에 대한 올바른 이해를 바탕으로 자료들을 정리하고 분석하는 능력을 신장하여 복잡한 여러 상황을 미리 예측하고 효과적으로 대처할 수 있도록 하는 것이 필요하다.

확률에 대한 이해

확률의 개념은 17세기 유럽의 살롱에서 유행했던 도박 문제가 계기가 되어 생겨난 것이다. 확률계산에 대한 문제는 이탈리아의 수도사 루카 파치올리(L. Pacioli)가 1494년에 출판한 <산술집성>에 실린 'problem of points'라고 불리는 판돈의 분배문제와 관련하여 처음 문헌에 소개되었다. 그 문제는 다음과 같이 제시되어있다.

A와 B가 공놀이를 한다. 한 사람이 6라운드를 이기기까지 게임을 계속하는 것으로 한다. 만약 A가 5라운드, B가 3라운드를 이긴 시점에서 게임을 중지했다고 하자. 판돈의 배분 방법은 어떻게 될까?

파치올리는 깊이 생각하지 않고 이 답을 5:3으로 하고 있으나 삼차방정식의 해법을 발견한 타르탈리아는 그의 해답이 부당하다고 비판하면서 2:1로 나누어야 한다고 주장하였다. 어떻게 배분하면 좋을까요? 이 승부는 이후 3라운드로 결말이 나고, 이 가운데 B가 3라운드를 모두 이길 확률은 $(1/2)^3 = 1/8$ 이므로 B의 몫은 1/8이다. 따라서 판돈은 7:1로 나누면 된다.

고전 확률론의 기초를 만들고 문제해결에 크게 기여한 사람은 파스칼과 페르마이다. 그들은 서신교환을 통하여 다양한 판돈의 분배문제를 다루었다. 파스칼이 이와 같은 문제에 관심을 가지게 된 계기는 그의 친구이며 도박사인 슈발리에 드 메레가 제시한 판돈의 분배와 관련된 문제를 해결하면서이다. '드 메레의 문제'로 알려진 판돈의 분배문제는 다음과 같다. 또한 파스칼은 확률연구를 파스칼의 삼각형과 관련시켜 많은 성과를 거두었다.

드 메레의 문제

두 사람 A, B가 판돈으로 각각 32피스톨씩을 걸고 내기를 하였다. 먼저 3번을 이긴 사람이 판돈 64피스톨을 모두 가지기로 하였는데, A가 두 번 이기고 B가 한 번 이긴 상태에서 내기가 중단되었다. 판돈은 어떻게 나누어 가져야 하는가?

위의 문제는 게임에서 A가 64피스톨을 모두 가지는 경우는 4번째 게임에서 이기는 경우와 4번째 게임에서는 B가 이기고 5번째 게임에서 A가 이기는 경우이다. 따라서 A가 승자가 될 확률은 1/2+1/2 · 1/2=3/4이므로 A의 기댓값은 48피스톨이고, B의 기댓값은 16피스톨이다.

확률론의 연구는 파스칼과 페르마의 뒤를 이어 18세기 프랑스의 베르누이, 드 무아브르, 라플라스 등에 의하여 급속하게 발전하였으며 확률과 관련된 다양한 이론들이 정립되어 우연히 일어나는 현상을 수학적으로 관찰하고 처리하는 방법이 개발되었다.

정의 11.1 ▌ [수학적 확률]

n개의 원소로 구성된 표본공간의 모든 원소가 일어날 가능성이 같고, 사건 A가 일어날 경우가 r가지이면 사건 A가 일어날 **확률**(Probability)은 $P(A)=r/n$ 이다.

오늘날 이러한 수학적 확률에 대한 정의는 일어날 수 있는 모든 경우의 수가 무한인 경우에는 확률을 정의할 수 없다는 문제가 있고, 일어날 가능성이 같다는 것은 확률이 같다는 것인데 확률을 이용하여 확률을 정의한다는 것은 있을 수 없다는 비판이 있다. 이로 인해 상대도수의 극한으로 정의되는 **경험적 확률** 또는 **통계적 확률**[12)]이 나타나게 되었다.

---

12) 같은 시행을 n번 반복하여 사건 A가 일어날 확률을 r_n 이라 할 때, 시행 횟수 n을 한없이 크게 함에 따라 상대도수 r_n/n 이 가까이 다가가는 일정한 값 p를 사건 A가 일어날 **통계적 확률**이라 한다.

예제 11.1 한 개의 주사위를 두 번 던질 때, 나오는 눈의 합이 10 이상일 확률을 구해보자. 먼저 주사위를 두 번 던질 때 나오는 모든 경우의 수는 $6\times6=36$(가지)이고, 합이 10 이상인 경우는 (4,6), (5,5), (5,6), (6,4), (6,5), (6,6) 등 모두 6가지이다. 따라서 구하고자 하는 확률은 $6/36=1/6$이다.

예제 11.2 한 개의 주사위를 세 번 던질 때, 나오는 세 눈의 합이 6이 될 확률을 구하시오.

확률의 기본 성질

표본공간 S의 부분집합인 사건 A에 대하여 다음이 성립한다.

(i) 임의의 사건 A가 일어날 확률 P(A)는 $0\le P(A)\le 1$이다.

(ii) 전사건 S가 일어날 확률은 1이다. 즉 $P(S)=1$이다.

(iii) 공사건 $\varnothing$가 일어날 확률은 0이다. 즉 $P(\varnothing)=0$이다.

확률의 덧셈 및 곱셈 정리

확률의 덧셈정리를 살펴보면 다음과 같다.

정리 11.1 ▎ 표본공간 S의 부분집합인 사건 A, B에 대하여 다음이 성립한다.

(i) $P(A\cup B)=P(A)+P(B)-P(A\cap B)$

특히, 두 사건 A, B가 서로 배반사건일 때, 즉 $A\cap B=\varnothing$일 때

$P(A\cup B)=P(A)+P(B)$이다.

(ii) 사건 A의 여사건 A^c가 일어날 확률인 $P(A^c)=1-P(A)$이다.

예제 11.3 1부터 10까지의 수가 하나씩 적힌 10장의 카드 중에서 한 장을 임의로 뽑을 때 2의 배수 또는 5의 배수가 나올 확률을 구해보자. 먼저 2의 배수가 나올 사건을 A라 하면 $P(A)=1/2$이고, 5의 배수가 나올 사건을 B라 하면 $P(B)=1/5$이며 2와 5의 공배수가 나올 확률인 $P(A \cap B)=1/10$이다. 따라서 2의 배수 또는 5의 배수가 나올 확률인 $P(AB)=1/2+1/5-1/10=3/5$이다.

예제 11.4 다음의 문제를 해결해보시오.

(1) 한 개의 주사위를 세 번 던지는 시행을 할 때, 나오는 세 눈의 합이 5 또는 7이 될 확률은 얼마입니까?

(2) 1부터 5까지의 숫자가 하나씩 적힌 5장의 카드 중 세장을 뽑아 세 자리수를 만들 때, 230 이상이 될 확률은 얼마입니까?

확률의 곱셈정리를 살펴보면 다음과 같다.

정리 11.2 ▍ 표본공간 S의 부분집합인 사건 A, B에 대하여 확률이 0이 아닌 두 사건 A, B가 동시에 일어날 확률은

$$P(A \cap B)=P(A) \cdot P(B|A)=P(B) \cdot P(A|B)$$

이다. (단, $P(A|B)$는 조건부 확률[13])

특히 두 사건 A, B가 서로 독립이기 위한 필요충분조건은

$$P(A \cap B)=P(A) \cdot P(B)$$

이다.

---

13) 표본공간 S의 두 사건 A, B에 대하여 사건 A가 일어났다고 가정할 때, 사건 B가 일어날 확률을 사건 A가 일어났을 때의 사건 B의 **조건부확률**이라고 한다.

예제 11.5 동전 1개와 주사위 1개를 동시에 던질 때 동전은 그림면이 주사위의 눈은 6이 나올 확률을 구해보자. 먼저 동전과 주사위를 동시에 던질 때 나올 수 있는 경우의 수는 12가지이고, 동전의 그림면이 나올 확률은 1/2, 주사위의 눈이 6일 확률은 1/6이다. 따라서 동전과 주사위는 서로 독립시행이므로 구하고자 하는 확률은 $\frac{1}{2} \cdot \frac{1}{6} = \frac{1}{12}$ 이다.

예제 11.6 흰 공 7개와 검은 공 3개가 들어있는 주머니에서 대한이와 민국이가 차례로 공을 하나씩 꺼낼 때, 두 사람 모두 검은 공을 꺼낼 확률을 구하는 경우에 다음의 조건에 따라 확률을 구해보시오.

(1) 대한이가 꺼낸 공을 다시 주머니에 넣은 경우

(2) 대한이가 꺼낸 공을 다시 주머니에 넣지 않은 경우

통계에 대한 이해

국가가 징세, 징병, 다른 어떠한 목적을 위해 호적이나 토지 대장 등을 만들어 이를 근거로 통계를 작성한 것은 예로부터 있었던 일이다. 고대 로마에서의 인구에 대한 신고조사(申告調査)는 '센서스'라 불리었으며 오늘날까지 그 명칭이 전해지고 있다.

통계는 영어로 statistics인데, 이 어원은 status이고 이것은 state와 같은 것으로 상태, 형세, 국가라는 의미의 단어이다. 통계학은 18세기부터 19세기에 걸쳐 국가의 상태를 정확하게 기술하고, 국력의 실태를 객관적으로 파악하는 것을 목적으로 하여 정치학의 일부로 탄생한 학문이다. 19세기 이전까지는 인구증가나 경제성장이 크지 않았기 때문에 통계적 조사를 몇몇 교회 등에서 전담하여 맡아왔고, 통계자료 역시 출생, 혼인, 사망 등의 기초적인 수량 기록이거나 간단한 무역활동 기록 정도로 미미하였다. 그러다가 19세기에 들어서면서 급격한 사회변화로 인해 국가차원에서의 통계 조사가 필요하게 되었다. 정부통계의 개선에 크게 공헌한 사람은 케틀레(A. Quetelet; 1796-1874)로서 1853년에 제1회 국제통계회의를 개최하고 통계의 보급과 발전에 기여하였으며 확

률론에 입각한 통계학을 체계화하여 근대통계학의 기틀을 마련하였다. 19세기 후반에는 국세조사와 인구조사를 비롯하여 품질관리, 시장조사와 같은 산업 및 무역뿐만 아니라 사회문제가 중요시되어 가계조사 등의 통계까지 등장하였으며 20세기에 들어와서는 컴퓨터 및 과학기술의 발달에 힘입어 크게 발전하고 있다.

통계학의 종류에는 **기술통계학**과 **추측통계학**이 있다. 기술통계학은 자료를 수집하여 표나 그래프로 나타내거나 대푯값, 산포도, 상대적 위치, 분포형태 등을 조사하여 수집된 자료의 특성을 쉽게 파악할 수 있도록 자료를 정리하여 요약하는 방법을 연구하는 분야이고, 추측통계학은 모집단의 속성을 반영하는 표본을 활용하여 표본의 정보를 분석함으로써 모집단의 여러 가지 특성에 대해 과학적으로 추론하는 방법을 연구하는 통계학 분야이다. 일반적으로 통계학은 연구목적을 달성하기 위해서 필요한 자료나 정보를 효과적인 방법으로 수집하고, 수집된 자료를 과학적이고 논리적인 이론을 토대로 정리하고 분석하는 학문이다. 그러므로 통계는 현대 정보화 사회에서 불확실한 현상을 통계적으로 분석하여 합리적인 의사결정을 하는데 중요한 정보를 제공한다고 할 수 있다.

통계자료의 정리 및 분석

통계자료를 정리하는 방법에는 표로 나타내거나 시각적인 표현방법인 그래프로 나타낸다. 통계학에서 활용되는 그래프의 종류 및 특징에 대해 살펴보면 다음과 같다.

[표 11-1] 그래프의 유형 및 특징

그래프의 유형	특징
구체물 그래프	• 저학년 학생들이 사용한다. • 그래프에 실제 사물을 올려놓는다.
선 그림	• 빠르게 자료의 개형이나 변화, 분포를 확인할 수 있다. • 막대그래프와 같은 형태로 표현한다.

그림그래프	• 수의 크기를 실물 모양의 그림크기로 나타내므로 의미가 쉽게 파악된다. • 구체적인 형태위에 수량을 나타낼 수 있으므로 위치나 지역 파악 등 생동감 있는 자료로 활용될 수 있다. • 시각적인 게시효과는 높으나 시각적 오류를 야기할 수 있다. • 그래프에 제시된 그림이나 그리는 방법에 대한 이해가 필요하다.
막대그래프	• 주로 이산량 자료에서 활용된다. • 종목별 수의 크기 또는 상대적인 크기를 비교하기 쉽다. • 수치의 크기를 정확하게 나타내어 해석이 용이하다. • 사용하는 척도나 코드에 대한 이해가 필요하다.
꺾은선 그래프	• 연속량 자료에서 활용된다. • 시간에 따른 패턴, 경향, 비교, 변화를 보이는데 효율적이다. • 이해를 위해 가로축과 세로축을 검토함으로써 좌표평면을 학습하는데 도움이 된다. • 전체적인 경향을 파악하는데 용이하다.
원그래프	• 전체를 100으로 하여 부분의 크기 또는 비율을 나타낸다. • 부분과 전체, 부분과 부분사이의 비율을 쉽게 알 수 있다. • 전반적인 관계를 알기가 쉬워 각종 통계자료 발표에 가장 많이 활용된다. • 직접 그리려면 어려우나 테크놀로지를 활용하면 쉽다.
줄기와 잎 그림	• 개별 자료를 제시하는데 효율적인 방법이다. • 막대그래프와 유사한 시각적 표현을 제공하는 동시에 개별 자료에 대한 보다 많은 정보를 제공한다. • 하나의 그림에서 두 개의 자료를 비교하는데도 활용할 수 있다. • 줄기와 잎 그림으로 나타내는 방법에 대한 이해가 필요하다.
히스토그램	• 연속량자료나 구간으로 묶어지는 자료에 활용한다. • 막대그래프와 유사하나 개별 자료를 알아 볼 수 없다. • 범위가 크고 제한된 값을 가지는 자료를 나타내는데 효율적이다.
상자(상자–수염) 그림	• 자료의 변화에 대한 유용한 정보를 제공한다. • 자료의 양이 같지 않은 두 자료를 비교하는데 활용할 수 있다. • 해석을 위해 범위, 중앙값, 사분위수에 대한 지식이 필요하다.

예제 11.6 막대그래프와 꺾은선 그래프의 특징을 조사하고, 일상생활과 관련하여 자료를 표현할 때 막대그래프보다 꺾은선 그래프로 나타내는 것이 유용한 예들을 찾아보세요.

통계에서 가장 중요하게 쓰이는 대푯값으로는 평균과 표준편차가 있다. **평균**(mean)은 수집된 자료의 총합을 자료의 개수로 나눈 값을 의미하며, **표준편차**(standard derivation)와 **분산**(variance)은 자료가 평균에서 얼마나 떨어져 있는지를 나타내는 측정값이다. 자료의 분석에서 평균이 같을지라도 동질집단으로 판단하기보다는 각각의 편차를 조사하는 것이 필요하다. 예를 들면, 갑과 을의 국어, 영어, 수학 세 과목의 평균이 모두 50점이라고 할 때, 두 사람은 같은 실력을 가졌다고 할 수 있을까? 갑은 모든 과목이 50점씩인 고른 분포인 반면, 을은 100점, 50점, 0점으로 아주 불안정한 분포를 하고 있을 수도 있다. 또한 평균과 분산을 알고 있는 두 자료를 합한 전체 자료의 평균과 분산을 구할 때에는 각 자료의 도수가 매우 중요함을 알아야 한다.

정의 11.2 ▌ **[평균과 표준편차]**

(1) 수집된 자료가 $x_1, x_2, \cdots, x_n$ 일 때, **평균** m 은 다음과 같다.

$$m = \frac{x_1 + x_2 + \cdots + x_n}{n}$$

(2) 주어진 자료 $x_1, x_2, \cdots, x_n$ 에서 평균이 m 일 때, **분산** v 와 **표준편차** s 는 다음과 같다.

$$s = \sqrt{v} = \frac{(x_1 - m)^2 + (x_2 - m)^2 + \cdots + (x_n - m)^2}{n}$$

예제 11.7 다음의 표는 대한이가 다트게임에서 얻은 점수입니다.

횟수	다트 수	평균	분산
1회	5	65	225
2회	5	80	350

대한이가 얻은 다트점수의 평균과 분산을 각각 구해보세요.

학교수학

Ⅰ. 가능성 알아보기 (초등 5)

활동4 주머니 속에 흰색 바둑돌 1개와 검은색 바둑돌 3개가 있습니다. 주머니에서 바둑돌 1개를 꺼낼 때 다음을 알아보시오.

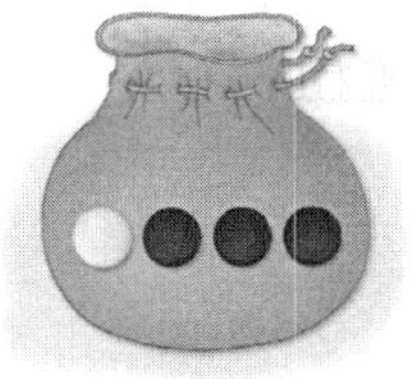

- 꺼낸 바둑돌이 흰색일 가능성을 어떤 수로 나타낼 수 있습니까?
- 꺼낸 바둑돌이 검은색일 가능성을 어떤 수로 나타낼 수 있습니까?
- **활동2**, **활동3**, **활동4** 에서 알아본 가능성을 수직선에 나타내었습니다. ㉠, ㉡, ㉢, ㉣, ㉤이 어떤 가능성을 나타내는지 이야기해 보시오.

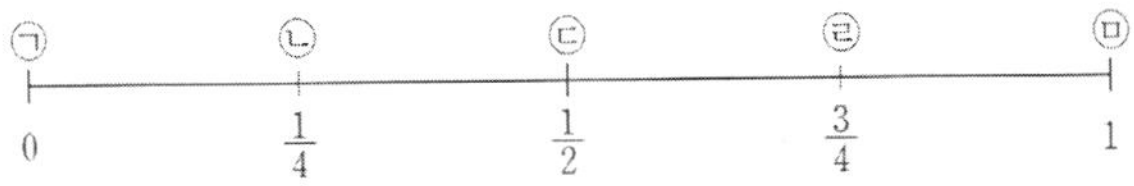

Ⅱ. 통계학의 이해

(1) 그래프의 종류

수일이의 키를 두 그래프로 나타냈습니다. 두 그래프를 비교해 봅시다.

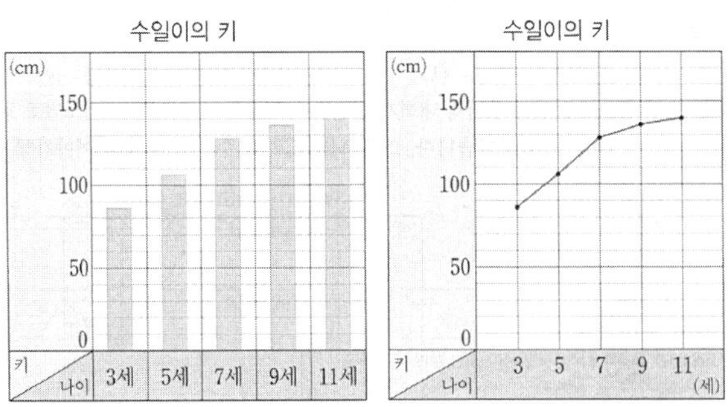

- 두 그래프의 다른 점은 무엇인가요?
- 수일이의 키를 어떤 그래프로 나타내는 것이 좋을까요? 그 이유는 무엇인가요?

막대그래프와 꺾은선 그래프(4-2)

- 전체 학생 수에 대한 방법별 학생 수의 백분율을 원 모양의 그래프로 나타내면 다음과 같습니다.

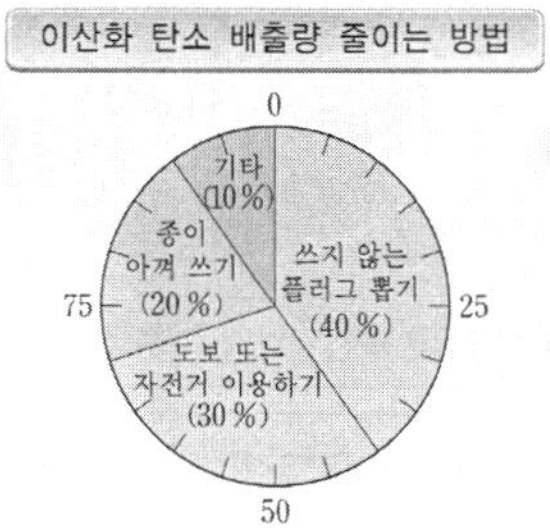

전체에 대한 각 부분의 비율을 원 모양으로 나타낸 그래프를 원그래프라고 합니다.

원그래프(6-2)

(2) 평균 알아보기 (초등 5)

자료의 대푯값

각 자료의 값을 모두 더하여 자료의 수로 나눈 값을 그 자료를 대표하는 값으로 정하면 편리합니다. 이 값을 평균이라고 합니다.

(평균)=(자료 값의 합)÷(자료의 수)

마무리 선우네 모둠 6명이 가지고 있는 고리의 수는 다음과 같습니다. 선우네 모둠이 가지고 있는 고리의 평균은 몇 개입니까?

8 9 12 4 5 10

연습문제

1. 두 사람 A, B가 판돈으로 각각 40피스톨씩을 걸고 내기를 하였다. 먼저 3번을 이긴 사람이 판돈 80피스톨을 모두 가지기로 하였는데, A가 한 번 이기고 B가 한 번도 이기지 않았을 때 승부를 중지했다고 하자. 판돈은 어떻게 나누어 가져야 하는가?

2. 한 개의 주사위를 세 번 던질 때, 다음 물음에 답하시오.
   (1) 나오는 세 눈의 합이 10미만이 나올 확률을 구하시오.
   (2) 나오는 세 눈의 합이 8 또는 12가 나올 확률을 구하시오.

3. 1부터 20까지의 수가 하나씩 적힌 20장의 카드 중에서 한 장을 임의로 뽑을 때 2의 배수 또는 3의 배수가 나올 확률을 구하시오.

4. 50개의 제비 중에 담첨 제비가 7개 들어 있다. 두 사람이 차례로 하나씩 제비를 뽑을 때, 둘 디 당첨될 확률을 구하시오. (딘, 뽑은 제비는 다시 넣지 않는다.)

5. 그림그래프의 특징을 적고, 일상생활 속에서 그림그래프가 활용된 예를 다양하게 조사해보시오.

6. F자동차 회사에서는 A회사와 B회사에서 생산된 엔진으로 자동차를 만든다. 자동차는 보증기간인 3년 이내에 문제가 생기면 바꾸어 준다. 다음은 두 회사 부품으로 만든 자동차의 엔진 수명과 고객만족도이다.

<A 회사>

수명(년)	9	10	10	11	9	10	10	11	10	9
만족도(점)	84	88	83	89	74	90	82	94	84	76

<B 회사>

수명(년)	16	15	19	3	2	2	25	18	22	1
만족도(점)	93	98	94	62	45	38	100	100	97	10

(1) 두 회사의 엔진 수명의 평균과 표준편차를 각각 구하시오.

(2) F자동차 회사에서 어느 회사의 엔진을 사용하는 것이 유리하겠는가?

읽을거리

로또 복권의 당첨 확률

우리가 흔히 말하는 로또 복권의 정식명칭은 온라인연합복권으로 우리나라에서는 2002년 12월부터 시작되었다. 1971년 6월 미국 뉴저지주에서 판매된 이래 1980년대 이후 캐나다, 오스트레일리아 및 유럽, 아시아권에서 폭발적인 인기를 끌고 있다. 복권구매자가 중앙전산센터와 전용통신망으로 연결된 로또 판매단말기에서 직접 번호를 선택하는 방식으로 복권 구매 후 텔레비전 방송을 통해 당첨등위를 확인하는 구매자 중심의 참여형 복권이다. 다만 전용망으로 연결됨을 의미한 점에서 웹페이지에서 복권을 사는 인터넷복권과는 다르다.

로또는 기존 가판점에서 판매하는 추첨식 종이복권 대신 통신전영망과 단말기를 사용하고, 이미 정해진 번호를 사는 대신 고객이 직접 번호를 고르는 것이 특징이다. 그리고 당첨자가 없으면 당첨금이 이월된다. 1회분 발행 복권수에 제한이 없고 참여자가 많을수록 당첨금이 늘어나는 점 등에서 기존 복권과는 확연히 구분된다.

우리나라에서 발매되는 로또는 1부터 45까지의 숫자 중에 자신이 원하는 6개의 숫자를 임의로 고르는 '645'방식이다. 5등(1만원)을 제외한 1~4등 당첨금은 확정되어 있지 않고 판매금액에 따라 당첨금액이 올라간다. 먼저 1등은 45개 중에서 6개를 뽑는 경우이므로 1등이 될 확률은 ${}_{45}C_6 = \dfrac{1}{8145060}$ 이다. 또한 2등이 될 확률은 정해진 행운 숫자 6개 중 5개가 맞아야 하므로 6개중 5개를 뽑는 경우의 수이다. 따라서 $\dfrac{1}{8145060} \times {}_6C_5 = \dfrac{1}{1357510}$ 이다. 각각의 경우는 다음과 같고 이들 확률을 모두 더하면 1이 된다.

경우	1등	2등	3등	4등	5등	번호 2개만 맞을 경우	번호 1개만 맞을 경우	모두 틀릴 경우
확률	$\frac{1}{8145060}$	$\frac{6}{8145060}$	$\frac{228}{8145060}$	$\frac{11115}{8145060}$	$\frac{182780}{8145060}$	$\frac{1233765}{8145060}$	$\frac{3454542}{8145060}$	$\frac{3262623}{8145060}$

<부록 I> 연습문제 풀이

1장

1. (1)

p	q	(~p	∨	q)	∧	p
T	T	F	T	T	T	T
T	F	F	F	F	F	T
F	T	T	T	T	F	F
F	F	T	T	F	F	F
단계		①	③	②	⑤	④

(2)

p	q	~	(p	∧	~q)
T	T	T	T	F	F
T	F	F	T	T	T
F	T	T	F	F	F
F	F	T	F	F	T
단계		④	①	③	②

6. 진실을 말한 사람 : B, D, G　　　　　만점 받은 사람 : H

7. (1) $\forall x \in R,\ \exists y \in R$ s.t. $x+y=0$

   (2) $\forall x,\ y \in R,\ xy=0 \Rightarrow (x=0) \vee (y=0)$

2장

1. (2) 가정을 활용하면, $A-B=A\cap B^c=(A\cap B^c)\cup\varnothing=(A\cap B^c)\cup(A\cap B)=A\cap(B^c\cup B)=A\cap U=A$ 이다.

4. (1) $A\cap(B-C)=A\cap(B\cap C^c)=(A\cap B)\cap C^c=(A\cap B)-C$

   (3) $A-(B\cap C)=A\cap(B\cap C)^c=A\cap(B^c\cup C^c)=(A\cap B^c)\cup(A\cap C^c)=(A-B)\cup(A-C)$

5. (1) $A\circledcirc B=(A-B)\cup(B-A)=(B-A)\cup(A-B)=B\circledcirc A$

3장

2. (1) 반사관계, 반대칭관계, 추이관계　　　(2) 대칭관계, 추이관계

(3) 반대칭관계 (4) 반사관계, 대칭관계, 추이관계

(5) 대칭관계 (6) 반대칭관계

5. (1) 동치관계 (2) 동치관계

4장

4. $f : A \rightarrow B$ 가 전단사함수이면 역함수 $f^{-1} : B \rightarrow A$가 존재한다. 먼저 f^{-1}가 단사함수임을 증명하자. f 가 함수이므로 $(y_1, x) \in f^{-1} \wedge (y_2, x) \in f^{-1} \Rightarrow (x, y_1) \in f \wedge (x, y_2) \in f \Rightarrow y_1 = y_2$이다.

다음으로 f^{-1}가 전사함수임을 보이자. 모든 $x \in A$에 대하여 $(x, y) \in f$ 인 $y \in B$ 가 존재한다. 그러므로 모든 $x \in A$에 대하여 $(y, x) \in f^{-1}$ 인 $y \in B$ 가 존재한다. 즉, $f^{-1}(B) = A$ 이다.

5장

3. 함수 $f : [-1, 1] \rightarrow [-2, 2]$을 $f(x) = 2x$ (또는 $f(x) = -2x$)로 정의하면, 함수 f 는 전단사함수이므로 두 집합은 서로 대등함을 알 수 있다.
4. 예를 들면, 집합 [0, 3]의 진부분집합인 [0, 1]에 대하여 함수 $f : [0, 1] \rightarrow [0, 3]$을 $f(x) = 3x$ 로 정의하면, 함수 f 는 전단사함수이므로 두 집합은 서로 대등함을 알 수 있다. 따라서 무한집합의 정의에 따라 대등한 진부분집합이 존재하므로 [0, 3]은 무한집합이다.

6장

1. 나머지는 5이다.
2. 무리수는 피타고라스학파에 의하여 처음 발견되었다.

7장

(1) $d = 24$ (2) $d = 2$

8장

1. (3) 연속성의 공리 및 순서의 공리 등을 명확히 제시하지 않았다.
4. 삼각형 ABC에서 선분 AB와 평행인 선분 CD위의 한 점을 D, 변 BC의 연장선 위에 한 점을 E라고 하면, $\angle ABC = \angle DCE$, $\angle BAC = \angle ACD$ 이다. 따라서 $\angle ACB + \angle ACD + \angle DCE = 180°$이므로 삼각형 ABC의 내각의 합은 180°이다.

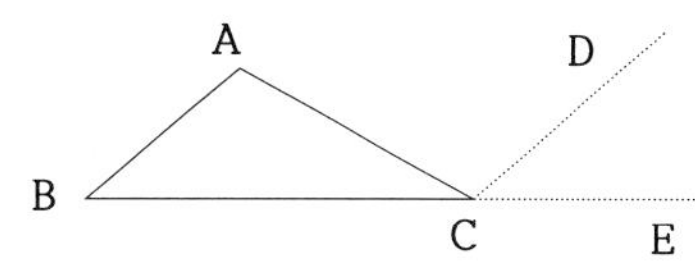

9장

1. 합동공리를 활용하여 증명할 수 있다.
3. 삼각형의 내각의 합은 180°이므로 $\angle C = \angle F$는 같다. 따라서 삼각형의 합동조건인 ASA 합동판정법으로부터 합동임을 보일 수 있다.

10장

1. (1) 결합법칙은 성립하고 항등원은 1이 되지만 역원이 존재하지 않으므로 군이 되지 않는다.
   (2) 결합법칙이 성립하지 않으므로 군이 아니다.
2. (3) $-1/3$

11장

3. 13/20
5. 그림그래프는 조사한 수량을 그림이나 기호를 사용하여 나타낸 그래프를 말하며 자료의 특징을 직관적으로 쉽게 파악할 수 있다. 활용되는 예로는 각 시·도별 인구 분포, 지역별 가축의 분포, 농산물 생산량 등이 있다.

<부록 II> 찾아보기

ㄱ

가무한 69
가부번 65
가산 65
가환군 143
각 110
결합법칙 27, 141
계통성 4
곱집합 38
공간도형 113
공리 108
공배수 96
공약수 93
공역 52
공준 108
공집합 25
관계 39
교집합 26
교환법칙 27, 141
귀납적 추론 14
귀류법 15
그래프 53
기수론적 방법 77
꼭짓점 110, 114

ㄴ

나눗셈 정리 93
나머지 93
논리곱 10
논리성 4
논리연산자 10
논리적 동치 12
논리주의 3
논리학의 법칙 11, 22
논리합 10
농도 64

ㄷ

다각형 110
다면체 114
단사함수 53
단순명제 10
단순순서 49
단위원 146
단위정사각형 136
닮음 129
닮음변환 129
대각선 110, 139
대등 64
대우법 15
대칭관계 40
대칭이동 126
동치관계 41
동치류 43
동치명제 12
둔각삼각형 112
드 모르간의 법칙 27
등식 152
따름정리 14

ㄹ

러셀의 역설 34

ㅁ

멱등법칙 27
면 114
명제 10
명제함수 38
모서리 114
모순명제 12
몫 93
무리절단 85
무한군 143

ㅂ

반대칭관계 40
반사관계 40
반순서관계 45
반순서집합 45
배수 92
배수판정법 97
변 110
변환 123
보법칙 27
보조정리 14
부등변삼각형 112
부분 대칭적 50
부분 반사적 50
부분집합 24
부울 대수 27
부정 10
분배법칙 27
분산 161
분할 43
비가부번 65
비가산 65
비대칭적 50
비둘기집의 원리 61
비반사적 50

ㅅ

사상 51, 123
사영변환 132
산술 139
상대주의 2
상등 25
상집합 44
서로소 26, 94
선대칭 126
선도 45
소수 102
수학 1
수학적 귀납법 15, 79
수학적 모형 4
순(협의)순서 49
순서쌍 38
실수 84
쌍조건문 10

ㅇ

아벨군 143
아핀변환 130
약수 92
엄밀성 7
여집합 26
역관계 39
역사상 56
역원 142
역함수 56
연산자 123
연역적 추론 14

영원 145
예각삼각형 112
원소나열법 24
위로의 함수 53
유리수 83
유리절단 85
유클리드 기하학 106
유클리드 호제법 94
유한 귀납법 공준 79
유한군 143
유한집합 65
이등변삼각형 112
이접 10
이항연산 140
인수 92
일대일 대응 53
일대일 함수 53
일반화 4
입체도형 113

ㅈ

자연수 76
전단사함수 53
전사함수 53
전순서관계 45
전순서집합 45
전체집합 25
전칭한정기호 16
절단 84
절대주의 2
점대칭 126
정다면체 114
정리 14
정삼각형 112
정수 81
정의 14
정의역 52
정적 무한 69
제논의 역설 74
조건문 10
조건제시법 24
존재한정기호 16
준정다면체 115
중심사영 131
증명 14
직각삼각형 112
직관성 4
직관주의 3
진리값 10
진리표 10
진부분집합 24
집합 24

ㅊ

차집합 26
최대공약수 93
최소공배수 96
추론 14
추상성 4
추이관계 39, 40
치역 52

ㅋ

카테시안 곱 38

ㅌ

특수화 4

ㅍ

파포스의 정리 113
평균 161
평행사영 131
평행선 공준 108
평행이동 124
표준편차 161
표현그래프 39
플라톤주의 3
필즈상 8

ㅎ

함수 51
함수값 52
함의 11
합동 128
합성명제 10
합성사상 54
합성함수 54
합접 10
합집합 26
항등관계 39
항등법칙 27
항등사상 54
항등원 142
항등함수 54
항진명제 11
헤론의 공식 112
형식성 4
형식주의 3
확률 155
환 145
회전이동 127
후자 77

■ 저자 약력 ■

최 재 호

대구교육대학교 수학교육과 교수

손 교 용

대구교육대학교 수학교육과 교수

초등학교 교사를 위한 현대수학의 이해

초판발행 2019년 2월 25일
초판 2쇄 발행 2024년 7월 25일

지은이 최재호 · 손교용
펴낸이 오판근
펴낸곳 (주) 교우
주　소 서울시 동대문구 약령시로 8 교우빌딩 2층 (주)교우
전　화 02-925-2861 / **팩　스** 02-925-2860. **편집부** 02-925-2825
홈페이지&북스토어 www.kyowoo.co.kr / 이메일 kyowoo@kyowoo.co.kr

등　록 1994년 3월 24일 제1994-000013호
ISBN 979-11-251-0279-3 (93410)

Published by Kyowoo Co., Ltd. Printed in Korea

값 15,000원

교우미디어는 (주) 교우의 Imprint 사입니다.
수학정원·과학정원은 (주) 교우의 새로운 브랜드명입니다.